MARTIN RÜTTER

W0192413

KOSMOS

Text: Martin Rüttter und Stefan Müller
Cartoons: Nico Fauser

INHALT

Liebe Hundemenschen,

um eines gleich vorwegzunehmen: Ich bin nicht Justitia. Meine Figur ist nicht gemacht für diese Nachthemdchen. Ich hasse Waagen. Und ganz ehrlich: Ein Leben mit Augenbinde ist aus meiner Sicht schon aus drei Gründen unzumutbar.

1. Meine Emma ist kein Blindenhund.
2. Ich esse gern – und noch lieber isst mein Auge mit.
3. Die Augen sind mit das wichtigste Handwerkszeug in meinem Job.

Denn die Arbeit mit Hunden beruht zu gut 95 Prozent auf Beobachtung ihres Verhaltens, allein, mit anderen Hunden und vor allem mit ihrem Menschenrudel. Da gibt es tausend Missverständnisse und (vom Menschen) vermeidbares Fehlverhalten. Bislang habe ich zwar für fast jedes Problem eine Lösung gefunden, bevor der Fall vor dem Richter gelandet ist.

Trotzdem wurde mir in den vergangenen 25 Berufsjahren immer bewusster: Der Hund wird für alles verantwortlich gemacht. Er zieht an der Leine, er haut ab zum Jagen, er verrückt die Möbel und schreddert Sofakissen. Oder, noch schlimmer, den Postboten. Er versteckt Hausschlappen oder zerkaut Muttis feine Pumps. Er plündert die Weihnachtsgans oder rupft Nachbars Hühner. Er ist aggressiv gegen Rüden, hört nicht, bettelt – die Liste kennt kein Ende. Immer ist der Hund schuld. Und da sage ich: Nö!

Der Hund ist einfach Hund. Er macht erst mal das, was die Natur, Charles Darwin oder die Nachbarskatze erwarten. Schuld ist der Mensch. Mit einer Ausnahme.

Nö! Es gibt keine Ausnahme. Schuld ist IMMER der Mensch!

Deshalb ist es meine Aufgabe – nein, Achtung, ich trete kurz aufs Drama-Gas – meine Mission, den Hund in Schutz zu nehmen. Ich entwickle für jeden Hund, der zu mir kommt, ein Training, um ihn von der Anklagebank zu holen und dafür zu sorgen, dass er in Zukunft nicht mehr auffällig wird. Auf Bewährung sozusagen. Und deshalb heißt dieses Buch – wie eines meiner Bühnenprogramme – FREISPRUCH!

Darin gebe ich Einblick in ein paar klassische Anklageschriften aus meiner täglichen Praxis. Was hat der Hund ausgefressen? Welches Vergehen bringt ihn vor den Richter? Als Anwalt der Hunde nehme ich Schritt für Schritt den Tathergang auseinander. Und anschließend gibt's ein paar Trainingstipps für die Bewährungszeit.

Danach dürfen Sie, liebe*r Leser*in, entscheiden. Sie übernehmen die Rolle des*r Geschworenen und urteilen über das Vergehen des Hundes. Verurteilung oder Freispruch? Familie oder Tierheim? Bewährung oder Autobahnraststätte?

 *Ja, Moment … was der feine Herr Rütter mal wieder unterschlägt bei seiner »Mission«, ist die Konsulta-tion der Sachverständigen. Sie ahnen es längst, wer da seine Wurst zum Senf geben darf: Ich, von allen, außer mir*

selbst, »Emma« genannt. Denn wenn jemand Einblick in die Tiefen und Untiefen der Hundeseele hat, dann ein Canide. Besonders wenn er die Anlagen eines treusorgenden Australian Shepherd mit einem durchsetzungsstarken Terrier verbindet. Also wieder ich.

Einspruch? Abgelehnt!

Danke, Emma. Platz!

Wo war ich? Ach ja: In Deutschland gibt es fast 2 000 Bundesgesetze. Strafrecht, Mietrecht, Straßenverkehrsordnung. Allein unser Scheidungsrecht hält eine Fantastillion Anwälte in Lohn und Brot. All diese Paragrafen gelten jedoch nur für uns Menschen. Nicht für Tiere, und schon gar nicht für Hunde. Hunde folgen ihrem Instinkt. Oder unseren Anweisungen. Zugegeben, Letzteres oft nur in Ausnahmefällen.

Immer wieder kommt es dabei zu Missverständnissen. Zum Streit mit dem Postboten. Dem Jogger. Oder anderen Hunden. Und wer ist dann dran? Wenn Sie schon einmal als Zeuge dem anschließenden Verhör beigewohnt haben, wissen Sie: Ein Hund sagt nichts. Da können sämtliche ›Tatort‹-Kommissare und CSI-Profiler aufmarschieren – der Köter schweigt. In 100 Prozent aller Fälle wird der Hund schließlich schuldig gesprochen. Kein Wunder, er konnte sich ja nicht verteidigen. Und der Richter verurteilt natürlich den Halter. Das kann sehr schnell sehr teuer werden. Da nutzt eine Rechtsschutzversicherung nur wenig.

Viel wichtiger ist es zu erkennen, dass nicht der Hund Schuld hat – sondern sein Halter. Und noch wichtiger ist ein guter Anwalt. Zum Glück gibt es *die* Kernkompetenz Deutschlands, den Meister aller Rassen, den Weihbischof der Welpen, den einzig wahren Hundepapst, den Dogfather der Hundeerziehung, den Sankt Martin der Hunderudel, den Hundeskanzler, den Mann, dem die Hunde vertrauen …

 *Ruhig, Rütter, ruhig! Nun komm mal wieder runter, du Meister aller Gewichtsklassen. Wenn wir zusammen auf der Couch liegen und kuscheln, trägst du doch auch nicht so dick auf.*

Aus, Emma! Und hör auf, über Privates zu tratschen. Das ist mein Buch.

Hunde sind keine Verbrecher. Klar, sie machen ganz sicher viel Quatsch, und manches ist sogar justiziabel. Aber *alles* lässt sich erklären. Aus Hundeperspektive. Ich fordere daher auf den folgenden Seiten nicht nur einen Freispruch für Hunde. Ich erkläre auch, was warum passiert, damit Hundemenschen lernen, ihre Hunde besser zu verstehen. Und sie somit vor künftigen Straftaten zu bewahren.

Allerdings nehme ich Sie auch in die Pflicht. Nach dieser Lektüre können Sie nicht mehr auf »ahnungslos« plädieren. Denn dann wissen Sie längst, wie man es besser macht. Ob Sie dieses Wissen auch anwenden, überlasse ich Ihnen. Oder besser Ihrem Hund. In jedem Fall – viel Spaß!

ABBEY, EMMA UND DAS SCHWEINEOHR

Ich merke, dass viele Hundehalter immer unsicherer werden. Gar nicht so sehr im Umgang mit ihrem Hund, sondern eher im Umgang mit all den Informationen zum Thema, die ständig auf sie eindröhnen.

Es gibt so viele Tipps und Tricks zur Hundeerziehung. Es gibt regalmeterweise Ratgeber, Trainingsanleitungen und »So geht's richtig …«-Videos. Und das ist nur die Spitze des Eisbergs. Oder besser: die Spitzen. Denn jeder Trainer erzählt Ihnen was anderes.

Wenn Sie dann eh schon völlig durcheinander sind, gehen Sie mal auf die Hundewiese. Fragen Sie jemanden, der nicht gerade verzweifelt in seine Flöte pustet, »Hiiiiiiieeer!« schreit und in drei Richtungen gleichzeitig rennt. Stellen Sie sich neben einen Mitmenschen, dessen Hund sich gerade ausgiebig in einem Fuchskadaver wälzt. Der hat Zeit. Und dann fragen Sie beiläufig: »Wie geht das noch mal mit der Leinenführigkeit?«

Es dauert keine fünf Minuten, und in dem Kadaver wälzen sich noch zehn andere Hunde und Sie bekommen gratis und umsonst elf unterschiedliche Meinungen zum Thema Leine. Jeder weiß Bescheid. Und der, bei dem man auf den allerersten Blick sieht, dass sein Hund kein bisschen funktioniert, der weiß es am allerbesten.

Aber egal, welchen Experten Sie fragen, egal, mit welchem Trainer und in welcher Hundeschule Sie mit Ihrem Hund arbeiten, irgendwann hören Sie den Satz: »Sie müssen sich mal durchsetzen, Sie müssen sich als Rudelführer behaupten. Zeigen Sie dem Hund, wo der Frosch die Locken hat!«

Es sei denn, Sie kommen zu mir. Ich sage Ihnen: »Das ist Blödsinn im Quadrat.«

Aber warum? Warum zieht jeder Trainer irgendwann das Thema »Dominanz« aus dem Futterbeutel?

Opa Charly. Deshalb.

Ich spreche natürlich von Charles Darwin, dem Vater der Evolutionstheorie. Denn Darwin hat damals den Ausdruck »Survival of the Fittest« geprägt. Aber... Ich nehme es gleich vorweg: Nicht der Stärkste ist gemeint. Es geht nicht um den dicksten Bizeps und die muskulösesten Oberschenkel. Wo kämen wir denn auch hin, wenn der Stärkste die Macht hätte? Dann hätten wir sicher keine Bundeskanzlerin. Den Job würde ein Thorsten Legat machen. Wladimir Klitschko wäre Bundespräsident und Ralf Möller Schulminister – damit unsere Kinder statt Pausenkakao nur noch Proteinshakes trinken.

Wenn es eine Top Ten der falsch verstandenen Sätze gibt, dann gehört »Survival of the Fittest« definitiv dazu. Die korrekte Übersetzung lautet eher: »Es überlebt der, der sich am besten anpasst.«

Charles Darwin meinte, wer sich am besten an seine Nische, an sein Ökosystem anpasse, der setze sich durch. Und mit Durchsetzen ist Überleben gemeint und Fortpflanzen, nicht »Schreddern der Unfitten«. Das übernimmt die Evolution schon selbst.

Das nächste Missverständnis, das daran unmittelbar anknüpft, ist die Vorstellung, ein Rudel sei eine Diktatur. Dementsprechend sind einige Leute immer noch fest davon überzeugt, es ginge in der Hundeerziehung ausschließlich um Kraft und Führungsstärke. Sie glauben, da stehe irgendein dominantes Alphatier oben in der Rangordnung und dem hätten alle blind zu gehorchen, sonst gäb's richtig einen auf die Fellmütze.

Es wird sogar behauptet, nur der Ranghöchste treffe alle Entscheidungen, zum Beispiel, wann die Jagd startet. Stellen wir uns das mal zusammen vor: Da liegen fünf Hunde in der Heide und dösen gemütlich vor sich hin. Der Alpha pennt wie ein Stein. Plötzlich kommt ein humpelndes Kaninchen um die Ecke. Der Rangniedrigste bemerkt es und denkt: »Mist, Jagen ist nicht, Alphi schläft ja. Kannste nix machen.« Mahlzeit verschoben.

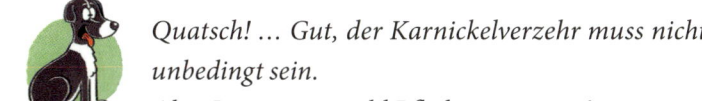

Quatsch! … Gut, der Karnickelverzehr muss nicht unbedingt sein.
Aber Jagen ist ja wohl Pflichtprogramm!
Sonst könnte ich ja gleich zum Wellensittich umschulen.

Ausgeschlossen, ein Käfig kommt mir nicht ins Haus, Emma!

Für mich heißt »Survival of the Fittest«, der Situation entsprechend angemessen zu handeln. Und das hat vor allem mit einer hohen sozialen Kompetenz und Intelligenz zu tun. Wenn also das Karnickel angehumpelt kommt und nur das rangniedrigste Rudelmitglied diesen unwiderstehlichen »Leichte Beute«-Duft in der Nase verspürt … dann schreddert … Entschuldigung, dann erlöst es den Nager mit einem sanften Nackenbiss von dessen Leid und lässt ihn sich schmecken. Oder, wenn es Manieren hat, lädt es das Rudel zum Dinieren ein. So geht »Survival of the Fittest«. Und das ist auch biologisch am sinnvollsten. Es geht im Rudel nicht darum, wer der Stärkste, Kräftigste, Fitteste ist, sondern um die Frage: Wer ist gut angepasst? Wer ist der Intelligenteste? Für uns Halter heißt das im Idealfall: Wir sind immer intelligenter als der Hund.

Zumindest einen Hauch … im Idealfall …

Richtig, Emma! Aber das ist für den einen oder anderen Mitmenschen ja schon genetisch ein Problem.

Ein wunderbares Beispiel für das, worauf Opa Charly hinauswollte, wurde mir frei Haus geliefert – in Gestalt von Abbey und Emma. Abbey ist eine olle Ridgeback-Rentnerin, Verzeihung, eine Ridgeback-Hündin gesetzten Alters. Emma ist ein ungefähr sechsjähriger Mischling aus Australian Shepherd und Terrier. Die Frage, wer eine so hochexplosive Mischung zulassen konnte, ist absolut berechtigt und wird an anderer Stelle beantwortet. Genau wie die Frage, wer so bekloppt ist, sich einen solchen Mix freiwillig ins Haus zu holen. Zugegeben, ich bin ausreichend bekloppt, aber unschuldig. Denn Emma ist mir zugelaufen.

 *Zugelaufen … Mensch, Rütter, was für ein Unsinn! Ich habe mir einfach eine Nische gesucht, in die ich besser passe.*

Abbey und Emma waren viele Jahre lang mein Rudel. Folglich musste über die Rangfolge nicht mehr diskutiert werden. Abbey war die unumstrittene Nummer eins und Emma liebte, verehrte und verteidigte sie.

Ich liebte beide. Und wie drückt der Mensch seine Liebe fürs Rudel aus? Genau. Allabendlich gibt es bei Rütters einen Feierabendsnack der Gourmet-Liga: An diesem Abend stand Schweineohr auf der Menükarte.

Der Tatort dieser Geschichte ist mein Wohnzimmer und dies sind die wesentlichen Umstände, die die vorliegende Tat besser umreißen:

Abbey ist 33 kg schwer und, ich sag mal, sehr proteinorientiert (auf Deutsch: megaverfressen). Emma dagegen ist eine 19 kg schwere Hyperaktivistin mit dem Stoffwechsel und Bewegungsreiz eines aufgedrehten Grundschulkindes auf Ecstasy. Mit anderen Worten: Emma schätzt so ein Schweineohr zwar durchaus als Snack, aber noch lieber wäre es ihr, wenn jemand das Schweineohr 150 Mal wirft, damit sie es 150 Mal apportieren kann.

 *Sie sehen, wie gut ich mich an meine Nische angepasst habe. 150 Kurzsprints wären früher mein Aufwärmprogramm gewesen.*

Kommen wir zum Tathergang an diesem Abend. Abbey häckselt ihr Schweineohr innerhalb von 60 Sekunden und inhaliert anschließend das Ohr-Konfetti. Emma dagegen lutscht eher gemütlich darauf herum.

Nun denkt sich Abbey: »So ein zweiter Snack könnte ja nicht schaden.« Sie versucht ihr Glück und läuft schnurstracks auf Emma zu, die noch im Genuss schwelgt. Als Ranghöhere nimmt Abbey dabei natürlich eine durchaus selbstbewusste, imponierende Haltung ein. Macht kommt ja angeblich von Machen.

Ziehen wir an dieser Stelle kurz Opa Charly heran – oder das, was an seiner Theorie missverstanden wird. Würde die Alpha- und Dominanztheorie stimmen, müsste sich Emma sofort unterwerfen und freiwillig ihr Schweineohr an Abbey heraus- rücken. In der Realität dagegen passiert … nichts dergleichen. Im Gegenteil: Die halb so schwere, halb so große, ein Viertel so erfahrene Emma packt ihr Schweineohr umso fester, lutscht ungerührt weiter und garniert ihre Renitenz auch noch mit einem Blick der Kategorie »Träum weiter, Oma!«.

Abbey hat sich das ganz offensichtlich anders vorgestellt. Sie bleibt aber am Alpha-Ball, geht näher ran und startet einen neuen Versuch, diesmal unter dem Motto »Gewalt *ist* eine Lösung«. Sie zieht die Nase kraus, zeigt die Zähne, macht sich stocksteif und lässt ein tiefes Grollen vernehmen, das aus den Untiefen der Hundehölle zu kommen scheint.

Hätte der Ranghöhere immer das Sagen, müsste Emma spätestens jetzt kleine Brötchen backen und mit zittrigen Pfoten das Schweineohr hergeben. Stattdessen schenkt sie Abbey einen eindeutigen Blick.

 *Und zwar aus der Kategorie »Hör mal, Omma, du hattest deinen Seniorenteller schon. Nimm dein Rätselheft und dann wieder ab auf die Couch.«*

Und genau jetzt kommen wir dazu, was Darwin beim Thema »soziale Kompetenz und Intelligenz« wirklich meinte.

Abbey muss nun abwägen. Lohnt es sich, wegen eines kleinen Betthupferls eine Schlägerei anzufangen? Oder hat sie einen Plan B? Oh ja, den hat sie und dieser ist Hundepsychologie vom Feinsten.

Abbey weiß nämlich ganz genau, wie Emma tickt. Wenn zum Beispiel jemand bei uns am Gartenzaun vorbeigeht, ist Emma komplett aus dem Häuschen. Also dreht Abbey sich um, spitzt die Ohren, starrt bedeutungsschwanger in den Garten, schlendert dann in Richtung Terrassentür und macht einmal tief »WUFFF«.

Sofort brettert Emma – in bester Hoffnung auf Einbrecherbesuch – zur Tür und veranstaltet einen Riesenalarm. Diesen Moment nutzt Abbey eiskalt. Soziale Intelligenz heißt ja nicht zwingend, dass man sich zuerst um das Wohl der anderen kümmert. Abbey schleicht also auf leisen Sohlen dorthin, wo Emma das Schweineohr ausgespuckt hat, um den Einbrecher zu begrüßen. Wäre Abbey bloß der Ridgeback, der alles zerlegt und vertilgt, was ess- oder zumindest zerkleinerbar ist, wäre Emmas Schweineohr innerhalb von 15 Sekunden verschwunden. Doch Abbey hat einen Lehrauftrag. Also nimmt sie das Ohr so vorsichtig wie demonstrativ zwischen die Zähne und stolziert damit im Wohnzimmer auf und ab. Dabei grinst sie Emma an: »Na, Kleene, wie viele Einbrecher waren's denn heute?« Genau das meint Darwin mit »the fittest« – der Schlauere gibt nicht nach, er sucht nur nach einem anderen Lösungsweg.

 *Einspruch, Euer Ehren! Ich kann da weder Kompetenz noch Intelligenz entdecken. Und was Soziales schon gar nicht.*

Das war ein gemeiner Betrug, der mich unter Vortäuschung falscher Tatsachen um mein Abend-Ohr gebracht hat. Und das von einem Hund meines Vertrauens.

Abbeys Niedertracht und ihre Bereitschaft, mein erwünschtes Verhalten (Verteidigung des Hauses gegen Einbrecher) auch noch mit dem Entzug meiner Genussgrundlage zu bestrafen, sind das eine.

Das andere ist aber, dass ich auf diesen gemeinen Diebstahl nicht wie ein gieriges und selbstsüchtiges Wesen reagiert habe. Sondern mit Großmut und Verständnis. So viel zum Thema »soziale Intelligenz«!

Und so etwas muss belohnt werden.

Also, Rütter, ich erwarte nicht nur eine Entschädigung in Form eines Schweineohrs. Ich will es vorher auch 150 Mal apportieren, also wirf gefälligst!

WIDERSTAND GEGEN DIE STAATSGEWALT

Angeklagte: Kira
Alter: 2 Jahre alt
Rasse: Mischling
Gewicht: 12 Kilo
Anklage: Widerstand gegen die Staatsgewalt

Wir alle wissen, wer zu Hause die Staatsgewalt ist: richtig, Frauchen natürlich! Und Kiras Frauchen konnte ich beobachten, in freier Wildbahn: schickes Kostüm, die hohen Absätze fest in den Kiesweg gestemmt, das Ensemble stilsicher ergänzt durch Eskalationsformation 1: hoch erhobene Hände.

»Kira, hiiiiieeeer!«, ruft Frauchen, und, weil doppelt ja bekanntlich besser hält, noch einmal: »Kira, hiiiiieeeer!« Der Hund dreht sich in 150 Metern Entfernung um und denkt: »Kira? Ja, DAS bin ich!«, rennt fröhlich weiter und macht sein eigenes Ding.

Hochhackige Schuhe sind definitiv ungeeignet für eine matschige Wiese. Eine direkte Verfolgung ist also unmöglich. Also greift Frauchen in die Handtasche. Es erscheint – Eskalationsstufe 2 – die Hundeflöte. Die MUSS funktionieren, steht ja drauf: Hundeflöte!

Nun folgt ein Blaskonzert vom Allerfeinsten, bei dem sämtliche Köter im Park ehrfürchtig zusammenzucken. 34 Parkbesucher erleiden parallel einen kollektiven Tinnitus. Nur Kira denkt sich: »Top Auftritt, Frauchen. Bewirb dich beim Supertalent. Auf Wiedersehen!«, und rennt weiter.

Frauchen im Allgemeinen sind aber sehr schlau, sie haben IMMER einen Plan B, auch in diesem Fall. Die Dame greift also langsam in die Manteltasche und holt die Leckerchen-Tüte hervor – Eskalationsstufe 3. Diese Tüte wird jedoch nicht einfach nur dezent gehalten, sie wird präsentiert wie der Heilige Gral.

Mit hochgerecktem Arm hält Frauchen den knisternden Beutel gen Himmel, verbunden mit dem magischen Bannzauber: »Kira, Leckerchen!« Und weil es so schön war, noch mal: »Kira, Leckerchen!« Kira dreht sich um, denkt: »Ja, klar, nimm dir zwei, ist ja für alle genug da!«, und rennt weiter.

Frauchen merkt, dass auch Plan B nicht funktioniert. Also bewegt sie sich souverän aus dieser Einbahnstraße heraus, indem sie ganz subtil den Druck erhöht – Eskalationsstufe 4. Sie dreht sich um, entfernt sich zögernden Schrittes und winkt: »Kira, tschüss!« Sie stakst einen weiteren Schritt.

»Kira, tschüss!« Und Kira? Die denkt: »Kein Problem, du weißt ja, wie du nach Hause kommst!«, und rennt weiter.

Der Ausdruck »Geduld« schwindet an dieser Stelle aus Frauchens Wortschatz. Ihre Stimme wird hart, drohend, kalt: »Kira, die Mama geht nach Hause!« Zwei vorsichtige Schritte in die entgegengesetzte Richtung und eine erneute Drohung: »Kira, die Mama ist jetzt weg!« Kira dreht sich um und denkt: »Weg? Der Verstand vielleicht. Aber der Rest steht doch noch da«, und macht weiter, worauf sie Lust hat.

Erst als Frauchen für einen Moment das Geschrei einstellt, damit die Halsschlagader nicht platzt, wird Kira aufmerksam. Alles in Ordnung mit Frauchen? Atmet die noch? Da sehe ich doch mal lieber nach. Als sie bei Frauchen ankommt, wirft sich diese auf das arme Tier, leint es an und zerrt es nach Hause. Und welche Lektion lernt Kira daraus?

Danke für die Vorarbeit, Watson. Ab hier übernimmt Special Agent Emma.

Also: Kira hört Mama die ganze Zeit quäken wie eine kaputte Trompete. Weg kann sie also nicht sein, zumindest körperlich. Kira muss sich um nichts kümmern. Doch als Mama plötzlich verstummt, macht Kira sich Sorgen und rennt zu ihr. Leider wirft sich Mama sofort wie ein Profiringer auf Kira, bindet sie fest, schleppt sie nach Hause – und der Ausflug ist vorbei. Welche Motivation sollte Kira also haben, beim nächsten Mal in Mamas Nähe zu kommen?
Keine weiteren Fragen.

Danke, Emma. Es bleibt also beim Widerstand gegen die Staatsgewalt. Und wie kriegen wir Kira nun runter von der Anklagebank?

Vorweg eine Entwarnung: Nur weil der Hund nicht kommt, wenn Sie ihn rufen, heißt das nicht, dass er Sie nicht liebt. Er nimmt Sie bloß nicht für voll.

Bei jedem Hund auf diesem Planeten ist aber das Entscheidende, dass er kommt, wenn Sie ihn rufen. Stattdessen können die Tiere oft allen möglichen Quatsch: Gib Pfötchen … stell dich tot … mach Rolle … spring durch einen brennenden Reifen … friss meine Hausaufgaben …

Die Leute rennen mit dem Hund zweimal die Woche zum Agility oder Dog Dancing … Manche Hunde holen dir 'ne Kiste Bier von der Tanke – aber keiner kommt, wenn man ihn ruft. Absurd, oder?

Deshalb lautet das oberste Gebot in der Hundebibel: Rückruftraining!

Das Wesentliche dabei ist – wie so oft – die erste Trainingseinheit. Die sollte immer dort stattfinden, wo es keinerlei Ablenkung gibt. Wo wirklich gar nichts los ist. Von mir aus zu Hause in Ihrem Schlafzimmer.

Jaja, ich hätte auch Wohnzimmer sagen können. Oder Küche. Oder Abstellkammer. Hauptsache, keine Ablenkung.

Bei diesem ersten Training trägt der Hund Brustgeschirr und Schleppleine – denn es gibt immer wieder Hunde, die ihre Halter sogar in den eigenen vier Wänden hinters Licht führen. Mich nicht.

Na klar, Rütter. Du bist ja die Kernkompetenz. Der Bundeshundetrainer. Der Caniden-Colonel für Rückruf-Bereitschaft.

Danke, Emma. Es reicht. Wenn ich also im ersten Rückruf-training den Hund rufe, will ich nicht, dass er unters Sofa kriecht. Ich will, dass er kommt.

Wenn er das macht: Wunderbar! Leckerchen rein.

Wenn er nicht kommt, gehe ich mit der Leine in der Hand so lange rückwärts, bis der Hund vor mir steht. Leckerchen rein. Wichtig dabei – und das gilt nicht nur im Schlafzimmer: Timing ist alles! »Zu früh« kommt auch hier nicht gut.

Ein Beispiel: Wenn ich »Hier!« rufe und dabei schon in meine Tasche greife, um ein Leckerchen rauszuholen, wird der Hund dies fortan in jeder Situation testen. Hole ich was aus der Tasche, kommt er. Wenn nicht … Emma?

Dann nicht.

Genau! Das können Sie draußen wunderbar beobachten – da finden Sie immer einen Hund, der, wenn er gerufen wird, erst mal testet, ob sein Mensch auch was dabeihat. Sobald sein Name ertönt, schaut der Hund aufmerksam seinen Menschen an.

»Wird in der Tasche gekramt? Nein? Tja, traurige Geschichte, dann geh ich halt weiter spielen.«

Widerstand gegen die Staatsgewalt. Will der Rütter nicht.

Will ich nicht. Wenn ich »Hier!« rufe, soll der Hund unverzüglich zu mir kommen, bleiben und erst wieder gehen, wenn ich ihm das erlaube.

Es gibt natürlich auch Hunde, die sofort kommen, sobald man sie ruft, aber …

… die kommen angerast, schnappen sich den Keks und – wusch! – geht's weiter zum Spielen.

Die Leute stehen da wie ein Streckenposten beim Marathon, leicht vorgebeugt und schwer in Hektik. »Oh, jetzt kommt er gleich … da, da kommt er.« – Wumm! – Keks weg, Hund weg.

Immerhin: Die Hand des Halters ist meist noch dran. Will der Rütter trotzdem nicht.

Will ich nicht. Ich will, dass der Hund kommt, wenn ich ihn rufe. Und dass er bleibt, bis ich ihn wegschicke. So einfach ist das. Auch für den Hund.

Einspruch, Euer Ehren. Es gibt Tage, da …

Einspruch abgelehnt! Wenn ich »Hier!« rufe, kommt der Hund. ERST DANN greife ich in die Tasche und belohne ihn.

Dabei muss dem Hund nur eines klar sein: Wo *ein* Leckerchen ist, ist vielleicht auch ein zweites. Und ein drittes …

Hör auf, Rütter, ich fange an zu sabbern!

Apropos sabbern: Wenn Sie mit Ihrem Hund den Rückruf trainieren wollen, dann machen Sie das mit seinem absoluten Lieblingsleckerchen – quasi seiner persönlichen Kalbshaxe in Blattgold. Dieses Premium-Jackpot-Leckerchen gibt es zunächst ausschließlich dann, wenn Ihr Hund dem Rückruf folgt. Es gibt das Leckerchen nicht für »Sitz!«, »Platz!« oder »Bleib!«. Denn sonst nutzt sich diese Lieblingsköstlichkeit schnell ab. Das ist übrigens auch der Grund, warum wir Männer so selten Blumen schenken. Wir möchten halt nicht, dass es sich schnell abnutzt.

Ist klar, Rütter. Gib doch einfach zu, dass du für Romantik so viel übrig hast wie für Katzen.

Quatsch! Aber es ist doch so mit dem Blumenschenken: Im Prinzip reicht zwei Mal – beim ersten Date und dann wieder auf dem Friedhof.

Banause!

Egal, wichtig ist: Setzen Sie das magische Superleckerchen nur fürs Rückruftraining ein. Und bitte mästen Sie Ihren Hund nicht so, dass er zu fett wird, um weglaufen zu können.

Er muss nur kapieren: Es lohnt sich zu bleiben. Wenn er das gelernt hat, können Sie das Schlafzimmertraining langsam reduzieren.

Wenn er zehn von zehn Mal kommt (konzentrieren Sie sich bitte – es geht immer noch um den HUND!), dann bauen Sie kleine Ablenkungen ein. Trainieren Sie im Garten, vielleicht läuft mal ein Kind vorbei oder es fliegt ein Ball – jegliche Reize, die den Hund ablenken sollen, aber eben nur so weit, dass er dennoch Ihr Signal befolgt.

Erst wenn all das fehlerfrei funktioniert, üben Sie mit Ihrem Hund im Park. Und wenn Ihr Tier auch hier – trotz anderer Hunde, Tiere, Gerüche, Jogger mit Festschmaus-Waden – kommt, dann erst befreien Sie ihn von der Schleppleine.

Übrigens: Nach sechs eisernen »Hier!«-Wochen gibt selbst Kira ihren Widerstand auf. Und dann heißt es auch für die Mischlingshündin: FREISPRUCH!

Pssst … Kleiner inoffizieller Tipp an meine Hundekollegen: Nehmt das mit dem Training ernst. Also, ich meine: Macht es euren Menschen nicht zu leicht. Je länger ihr mit dem Rückruftraining beschäftigt seid, desto länger gibt es die Premium-Leckerchen. »Survival of the Fittest« heißt ja auch, dass man das Überleben sichert, indem man sich in bestimmten Situationen immer mal schwerhörig stellt.

VERSUCHTE KÖRPER-VERLETZUNG

Angeklagte: Luuuna
Alter: 6 Jahre
Rasse: Mischling
Gewicht: 38 Kilo
Anklage: versuchte Körperverletzung

Wer ist noch immer *das* Feindbild Nummer eins aller Hunde? Der Postbote, natürlich.

 *Einspruch! Was ist mit den Leuten, die Katzenvideos hochladen?*

Auf so einen Quatsch kommst du auch nur, weil unser Postbote dich mit Leckerchen mästet. Einspruch abgelehnt.

Postboten gelten als die am häufigsten gebissene Berufsgruppe. Nicht die Tierärztin, nicht die Tierarzthelferin, nicht mal die Zeugen Jehovas sind so oft fällig. Immer muss der Postbote dran glauben. Statistiken belegen Hundebisse bei Postboten als Unfallursache Nummer zwei, gleich nach Ausrutschen und Stolpern. Gut, das passiert natürlich auch vorwiegend auf der Flucht vor Hunden, aber wir wollen mal nicht überdramatisieren.

Die Statistik der Berufsgenossenschaft Verkehr verzeichnet mehr als 1 800 Fälle pro Jahr in Deutschland. Dabei haben es die Angreifer vor allem auf Wade und Knie (42 Prozent) sowie auf Hüfte und Oberschenkel (23 Prozent) abgesehen – zu den Gründen dafür komme ich später. Zuvor drängt sich die Frage auf: Woher rührt dieser Stress mit dem Postboten? Aus Hundesicht ist das ganz einfach erklärt.

 *War das schon mein Stichwort?*

Nein, Emma, das war das Stichwort für den Hundeprofi.

Also: Aus Hundesicht ist der Postbote derart dumm und unbelehrbar, dass er nur Gewalt versteht.

Ich hätte es nicht treffender formulieren können.

Für mich als Hundetrainer ist aber ein ganz anderer Punkt wichtig: Der Hund kommt nicht über Nacht auf die Idee mit der Gewalt. Kein Welpe kommt mit neun Wochen in sein neues Zuhause, sieht am ersten Tag den Typen mit der blaugelben Uniform und schaltet sofort in den Angriffsmodus: »Den mach ich platt! Wenn ich die Uniform schon sehe. Der bringt doch nur Ärger.«

So ist das ja nicht, im Gegenteil. Das Problem entwickelt sich über Wochen und Monate, und die Frage ist: warum?

Die Antwort lautet: weil wir sehr ritualisiert mit unseren Hunden leben. Jeder Hundemensch hat seine ganz persönlichen, regelmäßig wiederkehrenden Abläufe. Der morgendliche Hundespaziergang findet immer zur gleichen Zeit statt. Meist übrigens auch mit denselben Leuten. Und diese Quatsch-Geh-Runden sind großartig und nicht obwohl, sondern *weil* man die Begleiter nur mit dem Namen des Hundes kennt. Das Herrchen von Ben, das Frauchen von Luuuna. Vermutlich erfährt man außerdem noch alles über den nächsten Impftermin des Hundes und seine Vorliebe für Wühlmäuse und Klettverschlüsse. Aber wer die Leute sind und was sie machen – wurscht!

Diese Hundehalter trifft man jeden Tag zur gleichen Zeit, man läuft gemeinsam eine Stunde durch den Park, geht nach Hause, der Hund kriegt sein Schweineohr, verputzt es genüsslich, hüpft auf die Couch und kommt zur Ruhe. Bis es plötzlich an der Tür klingelt. Der Postbote erscheint also genau in dem Moment auf der Bildfläche, in dem der Hund entspannen will. In den ersten Wochen ist der Hund noch sehr tolerant.

 *Logisch! Für manche Lektionen brauchen Menschen einfach etwas länger.*

Der Hund denkt: »Ach, der Typ hat sich verlaufen, falsches Revier. Kein Grund zur Aufregung. Der findet seinen Weg im Leben auch noch.«

 *Gäb's eine Post-Katze, ginge das sicher schneller.*

Ja, dann könnten wir wohl jetzt schon auf »unschuldig« plädieren. Aber der Postbote ist eben in der Regel ein Mensch. Und das Problem, das der Hund mit ihm hat, schaukelt sich immer weiter hoch: Morgenspaziergang, Schweineohr, Couch – Klingel! Bämm, der Postbote ist da! Wochenlang.

Irgendwann wird es dem Hund zu viel. Es klingelt. Er springt von der Couch und bläst zum Angriff: Er bellt, knurrt, rumst gegen die Tür und fährt alles auf, was er in seinem Bedrohungsrepertoire hat. Genau in diesem Moment geht der Postbote wieder. Ist doch logisch, dass der Hund sich zu 100 Prozent sicher ist: »Dem hab ich's gezeigt. Die Lektion hat er kapiert. Der kommt nie wieder in mein Revier.«

Doch am nächsten Morgen meldet sich der Postbote wieder pünktlich zum Ritual. Da kann man schon mal schlechte Laune kriegen, oder?

Jeden Tag dasselbe Spiel: Spaziergang. Schweineohr. Couch. Klingelterror. Randale an der Tür. Postbote geht. Daraus entwickelt der Hund mehr und mehr eine territorial motivierte Aggression. Er fragt sich: »Wie kann es sein, dass der Typ immer wieder an mein Haus kommt?«

An dieser Stelle eine kurze Frage an den geneigten Leser: Mit welchem Trainingsprogramm haben Sie es eigentlich geschafft, Ihrem Hund klarzumachen, dass es *sein* Haus ist? Nur mal so als Überlegung. Es war ja mal *Ihr* Territorium. Sie haben dafür unterschrieben, nicht der Hund. Ab wann genau waren Sie nur noch Servicepersonal? Sie müssen nicht sofort antworten, es ist aber nicht ganz unwesentlich, wenn es um Ihren Hund und den Postboten geht.

Denn das Problem weitet sich aus wie ein Rostloch im Auspuff. Und es kommt noch etwas Entscheidendes hinzu. Der Hund baut die Randale in sein tägliches Ritual ein. Jeden Tag ist er überzeugt: Der Postbote kommt nicht wieder. Jeden Morgen wird er eines Besseren belehrt. Seine Zweifel werden immer stärker. »Was stimmt mit dem nicht? Hat er zu lange an der Briefmarke gelutscht? Wieso kapiert er nicht, dass er hier nichts zu suchen hat?!«

An diesem Punkt verändert sich das Problem grundsätzlich. Das spannende neue Element ist Frustration.

 *Mensch, Rütter, bei dir klingt das, als wäre das was Schlimmes! Ich dachte, Frustration sei das Ziel jeder Ehe?*

Danke, Emma, berechtigter Einwand. Ich formuliere um: Hinzu kommt Frustrationsaggression. Damit wird aus einer Stunde Spazierengehen, Schweineohr, Couch, Warten, um dann zu randalieren, plötzlich ein neues Muster. Nach einer

Stunde Spazierengehen und Schweineohr geht der Hund nämlich gar nicht mehr auf die Couch, um sich dort vom Postboten stören zu lassen. Der Hund rennt direkt in den Keller, holt den dicken Knüppel raus und denkt: »Jetzt bekommt er 'ne Abreibung. Der Typ ist fällig!«

Klar, im übertragenen Sinn natürlich. Chillen auf dem Sofa wird aus dem Stundenplan radiert. Stattdessen wird »vorsätzliche Körperverletzung« eingetragen, befeuert durch diese aggressive Vorspannung des Hundes, noch bevor der Postbote überhaupt aufgetaucht ist.

Das ist erst mal kein Problem. Bislang spielt ja nur der Hund verrückt. Und die Nerven seiner Halter selbstverständlich. Sonst passiert ja nichts. Bis zu dem Moment, in dem der Mensch eine Millisekunde nicht aufpasst. Dann entwischt der Hund durch die Tür nach draußen. Und schnappt sich den Postmenschen.

Das Gute ist: Es sind meist nur kleine getackerte Löchlein. Der Hund verbeißt sich ja nicht im Briefträger, schüttelt ihn durch und zerrt ihn in die Höhle. Er will ihn verjagen, nicht fressen. Deshalb sind die Verletzungen bei Postboten verhältnismäßig harmlos und statistisch wie gesagt immer im Bereich Ferse, Wade, Hüfte zu finden.

 *Seltsam, Rütter, da packe ich mir auch immer die Schafe. Willst du damit andeuten, dass Postboten bloß Schafe in Uniform sind?*

Absolut nicht! Das sind die Punkte, an denen ein Hund jemanden vor sich hertreibt, um ihn zu verjagen. Und seine Bisse sind »Hau ab!«-Bisse. Aus Hundesicht ganz normal. Aus Postbotensicht »geht so«. Ich gebe zu, ich verharmlose. Denn im Grunde ist dies das »Worst-Case-Szenario«. Wenn Ihr Hund einen Menschen beißt, ist das Schlimmste passiert. Und besonders für den Postboten bedeutet das eine extrem traumatische Erfahrung. Er ist gebissen worden und muss trotzdem jeden Tag wieder zu diesem Haus. Damit beginnt für den Kurier *die* Frustrationsschleife schlechthin: »Oh Gott, wann kommt der Psycho wieder? Und vor allem, wann kommt sein Hund hinterher?« Fazit: Jeder Briefträger muss geschützt werden. Im besten Fall, bevor etwas passiert.

Ich hab die Lösung: Was, wenn die Post ihre Uniformen aus Leberwurst macht?

Bloß nicht! Das führt eher dazu, dass der Hund den Briefträger doch in seine Höhle zieht. Nee, Emma, da muss man mit Training ran.

Ich hab's befürchtet.

Ich kümmere mich um all die kleinen Konditionierungsmechanismen, die beim Hund parallel abgelaufen sind.

Ein Beispiel: Ich habe einen Hund im Training, die besagte Luuuna. An ihr kann eine Kolonne von 500 VW Golf vorbeifahren – sie zeigt keine Reaktion. Kommt allerdings der Postboten-Golf vorbei, geht die Mischlingshündin ab wie eine Mondrakete. Golf oder Post-Golf – das kann sie hervorragend unterscheiden. Andere Hunde merken sich eine gewisse Schrittfolge, ein Klingeln am Fahrrad, die zögerliche Handbremse am Post-Golf … und genau das machen wir uns zunutze.

Denn die Lösung des Problems ist so simpel wie spektakulär. Eigentlich müsste die Deutsche Post ihren Angestellten nur unwiderstehlich leckere Hundekekse mitgeben. Dann würde nämlich jeder Morgen plötzlich so verlaufen: Spaziergang. Schweineohr. Couch. Dann die dezente Vorspannung, bis die Klingel ertönt. Der Hund rennt los. Und der Postbote wirft eine große Schippe Hundekekse in den Vorgarten. Das macht er jeden Morgen. Nach sechs Wochen heißt es im Hundehirn nicht mehr: »Attacke! Ran an die gelbe Gefahr!«, sondern: »Morgens, halb zehn, in Deutschland.« Und die territoriale Aggression weicht der Vorfreude auf ein zweites Frühstück.

Es ist also ganz einfach. Moment, ich korrigiere: Es wäre ganz einfach. Ich hatte dazu sogar schon einen Termin mit der Deutschen Post, genauer gesagt, mit der Frau, die für alle Postzusteller*innen deutschlandweit zuständig ist. Ich muss dazu sagen: Die Dame ist eine von uns, sie gehört ebenfalls zum #Team_Hund. Und meine Hundekeksidee fand sie genial, sie hatte auch keinerlei Budgetprobleme, nichts dergleichen. *Aber*, ich zitiere: »Herr Rütter, malen Sie sich Folgendes aus: Es gibt nur *einen* Hund in Deutschland, der auf unseren Hundekeks allergisch reagiert und im Vorgarten tot umfällt. Können Sie sich die Schlagzeile vorstellen? Deutsche Post vergiftet Hunde! Da hätten wir ein riesiges Imageproblem.«

 *»Logisch! Dann lieber weiter die Postboten schreddern lassen. Straffrei natürlich.*

Nette Idee, Emma, aber das müssen wir anders angehen. Du erinnerst dich, dein Chef ist wie üblich mit bestem Beispiel vorangegangen.

Als ich mit Abbey und Emma umgezogen bin, habe ich mit dem Briefträger folgenden Deal gemacht: Ich habe ihm einen Sack mit Lieblingsleckerlis an die Straße gestellt. Dann habe ich ihn gebeten, sich damit einzudecken, bevor er das Grundstück betritt, und sein Kommen immer laut mit der Fahrradklingel anzukündigen. »Wenn die Hunde an den Gartenzaun kommen, gib bitte der Schwarzweißen …«

 *Also mir!*

»… eine volle Ladung Leckerlis. Und der Braunen …«

Also Omma Abbey!

»… gibst du höchstens ein mikroskopisch kleines Stückchen. Abbey ist nämlich total verfressen, die zieht sonst bei dir ein, und das würde ich gern vermeiden!« Sechs Wochen lang haben wir das trainiert. Seitdem ist unser Briefträger eine Art Heiland. Da ist jeden Morgen Weihnachten.

 *Und nicht Totensonntag wie bei Luna.*

Luuuna, bitte – so viel Zeit muss sein! Nachdem das mit meinen Hunden so gut funktioniert hat, habe ich das Prinzip auch im Training mit ihr angewandt.

Bevor Luuuna zu mir kam, hatten ihre Halter eine wirklich visionäre Lösung gefunden und innerhalb von zwei Tagen mit dem Hund eintrainiert. Die morgendlichen Rituale – eine Stunde Spazierengehen, Schweineohr, ab auf die Couch – wurden streng eingehalten. Wenn dann der Postbote vorfuhr und hupte, eskalierte Luuuna wie gewohnt, wurde vom Halter entschlossen am Halsband gepackt und so vor einer Anklage wegen versuchter Körperverletzung geschützt. Währenddessen marschierte ihr Frauchen durch die Tür und auf die Straße, um die Post persönlich am Gartenzaun in Empfang zu nehmen. Bei Wind und Wetter.

Gut, ist auch eine Lösung, hat aber mit Hundetraining nichts zu tun. Als die Nerven schließlich ausreichend wund geschliffen waren, kamen die beiden mit Luuuna zu mir ins Training. Wir haben meinen Vorschlag mit dem Briefträger besprochen, dessen Nervenkostüm auch nicht mehr ganz reißfest war. Von da an war es eine Frage der Zeit. Um genau zu sein, eine Frage von weniger als sechs Wochen konsequenten Trainings.

Und was soll ich sagen: Der Briefträger hat immer noch einen Puls von 130, wenn er aus seinem Auto steigt. Aber Luuuna ist euphorisch vorgespannt und freut sich auf die morgendliche Bescherung. Von territorialer Aggression keine Spur mehr.

Damit heißt es auch für Mischlingshündin Luuuna: FREI-SPRUCH!

 *Jaja, Applaus, Applaus, Rütter. Es gibt nur diesen einen gemeinen Haken, den du dabei ganz bewusst verschweigst … Klar ist so ein zweites Frühstück großartig für jeden Hund. Wie auch für dich selbst. Den Beweis trägst du über dem Gürtel spazieren. Und für diese besonderen Leckerchen, die unser Briefträger da hat, würde ich sogar auf jede Leberwurstuniform verzichten.*

Aaaaaber: Bei mir und auch bei Luuuna wird diese Post-belohnung gnadenlos vom sonstigen Ernährungsplan abgezogen. Das ist ein Skandal! Ich weiß nicht viel über Bestechung, aber bei der FIFA läuft das definitiv anders.

BEFEHLS-VERWEIGERUNG

Angeklagter: Buddy
Alter: 3 Jahre
Rasse: Berner Sennenhund
Gewicht: 44 Kilo
Anklage: Befehlsverweigerung

Eines vorweg: Befehle und Rütter, das ist kein leichtes Thema.

Ha! Rütter!! Das ist ja wohl die Untertreibung des Jahrzehnts! Du liebst sogar Nacktkatzen mehr als Befehle.

Na ja, sagen wir es so: Ich würde weder einem Befehl noch einer Nacktkatze freiwillig folgen. Ich weiß nicht, ob Sie bei der Bundeswehr waren, ich war es jedenfalls nicht. Hierarchien, Befehle, Waffen – damit sollen andere glücklich werden.

Aber: Als Hundetrainer weiß ich natürlich, dass Signale, Rangordnung und dergleichen bei der Erziehung von Hunden sehr hilfreich sein können. Alles, was Tier und Mensch beim Zusammenleben im Alltag hilft, ist erst einmal gut. Da gehören »Sitz!«, »Platz!«, »Fuß!« und »Bleib!« genauso dazu wie eine gute Rückrufbarkeit.

Besonders wenn es um Hunde wie Buddy geht: Groß und schwer heißt ja in unserer Rechtsprechung automatisch »brandgefährlich«. Egal, wie freundlich, träge und sanftmütig so ein Berner Sennenhund ist – um so ein Tier zu halten, muss man in vielen Regionen Deutschlands eine »Begleithundeprüfung« machen. Dabei liegen die Schwerpunkte auf Verkehrssicherheit, Sozialverträglichkeit, Unbefangenheit und Gehorsam. So nennen es zumindest die Begleithundeprüfer. Für mich ist das – wie soll ich es charmant formulieren? – großer Schwachsinn! Eine Art Gehorsamkeits-Check, bei dem einige Grundbefehle und Fähigkeiten zur Unterordnung geprüft werden.

Bitte nicht falsch verstehen, grundsätzlich bin ich ein großer Freund von Menschen, die sich mit ihrem Hund beschäftigen, die ihm etwas beibringen wollen und denen eine richtige Kommunikation und eine gute Beziehung wichtig sind. Und die meisten Hundevereine geben auch großartige Hilfestellung und machen tolle Arbeit. Aber man kennt das ja: Je höher die Hierarchie, desto dünner die Luft. Ausgerechnet da oben, wo das Vakuum anfängt, da werden dann die Gesetze erlassen.

Und dem armen Kerl, der sich damals die »Begleithunde-prüfung« ausdenken durfte, hat man zusätzlich kurz vorher noch das Hirn frittiert.

 *Wenn man die Begleithundeprüfung mit dem »See-pferdchen« vergleichen würde, müssten die Kinder da zeigen, dass sie unter der Eisdusche acht Minuten die Luft anhalten können, um anschließend einen Kilometer mit Bleiweste zu schwimmen. Braucht man nie, ist fahrlässig bis gefährlich und steht deshalb zu Recht nicht in den Statuten der Seepferdchenprüfung.*

Bei der »Begleithundeprüfung« ist das leider anders. Gehen Sie doch mal am Wochenende auf den Hundeplatz und sehen Sie sich so eine Prüfung an. Am besten bei mir im Dorf. Das ist Comedy pur.

Und das hat nichts mit den Leuten im Verein zu tun. Die machen gute Arbeit, sind sehr nett und verantwortungsvoll, alles bestens. Allerdings veranstalten sie einmal im Monat ihre Begleithundeprüfung. Dann kommt ein Prüfer – der Typ hat schon gelebt, als der Wolf anfing, um das menschliche Lagerfeuer herumzuschleichen. Dieser Prüfungsrichter ist so alt, der hat über Hunde schon mehr vergessen, als ich jemals wusste. Aber was er behalten hat, das prüft er einmal im Monat ab. Und ich stehe ebenfalls pünktlich auf der Matte – zum Stänkern und Pöbeln. »Da kann ich ja mit meinem Hamster mitlaufen«, war noch das Freundlichste, womit ich den Richtertisch gefoppt habe. Leider haben sie mich nicht beschimpft oder in den Zwinger gesperrt, sondern gesagt: »Mach doch einfach mal mit, Rütter. Wirst schon sehen, Klugscheißer.« Habe ich dann auch.

Wir, Rütter, wir! Denn mich hast du natürlich mit reingezogen in diese Feldstudie, mit deiner blöden Besserwisserei.

Ich kann ja schlecht allein über die Wiese latschen und mir Befehle zubrüllen.

Doch, Rütter, kannst du. Dann wäre die Nummer auch nur halb so peinlich geworden. Weißt du noch, wie der Prüfer ...

Moment! *Ich* bin dran. Also, was mir ehrlich gesagt nicht so klar war: Bei der Prüfung muss vor allem der Hundehalter etwas draufhaben. Nämlich 1 000 Regularien. Ich mein, is' klar – wir sind schließlich in Deutschland. Das fängt schon damit an, dass die Leine diagonal über die Schulter zu tragen ist. Wer das nicht weiß, »der hat direkt fertig mit Schönschreiben«. Ich betone: wegen einer Leine.

Reg dich nicht auf, Rütter! Du kanntest diese Regel doch. Leider nur die.

Das stimmt so nicht. Ich wusste auch, dass man nicht einfach auf den Platz marschiert, lässig dem Prüfer zuzwinkert und in den Parcours startet. Zuerst muss man sich nämlich offiziell anmelden bei »Seiner Heiligkeit, dem Prüfungsrichter.« Als ich meinen …

Unseren!

Als ich unseren Prüfungsrichter sah, wollte ich ihm am liebsten einen Spiegel unter die Nase halten, um zu sehen, ob er überhaupt noch atmet. Der Typ war so alt, der hat schon Begleit-Dinosaurier-Prüfungen abgenommen.

Und dann hast du quer über den Hundeplatz gerufen: »Weck den mal einer, da ist ja gar kein Akku drin!!«

Ich muss zugeben, das hat die Prüfungssituation nicht wirklich entspannt. Aber mir war eben klar: Egal, was da in vier Metern Entfernung von dem Opa abläuft, der sieht doch zwischen dem grauen und dem grünen Star nichts von den Hunden. Zugegeben, hätte ich vielleicht einen Hamster zur Prüfung angemeldet, hätte Methusalem das gemerkt. Aber hätte ich aus Spaß ein Dromedar mitgebracht …

Aber klar, das ist halt ein militärähnlicher Musterungsvorgang. Da tanzt man nicht wie Wolfgang und Anneliese mit »Servus, Grüezi und Hallo« auf die Wiese. Man geht zum Richtertisch und nimmt Haltung an: »Hundeführer Rütter meldet sich mit seinem Border-Collie-Mix Emma zur Begleithundeprüfung an.«

Hundeführer – im 21. Jahrhundert. Und das meinen die tatsächlich ohne den leisesten Hauch von Ironie!

Du hattest trotzdem schon vor Lachen die Hose nass. Aber von mir erwarten, dass ich ernst bleibe!

Du kennst mich doch, Emma. In so einer Situation musst du mich vor mir selbst beschützen!

Wieso? War doch keine Schutzhundprüfung.

Egal! Jedenfalls dampfte Emma schon die Schadenfreude aus dem Fell. Ich war so verunsichert, dass ich meinen eigenen Impfpass vorgezeigt habe. Dann ging es endlich los. Emma sollte links von mir laufen.

Ein klassischer Rütter-Moment. Führt zu notorischen Nörgeldiskussionen, die immer mit »Ich hab da mal 'ne Frage« anfangen.

Ja, was?! Man wird doch wohl noch fragen dürfen.

Das ist aber keine Frage, Rütter, das ist passive Aggression.

Ich fragte den Prüfungsscharfrichter also sehr betont freundlich …

Das ist immer noch passive Aggression – in ganz dünnem Geschenkpapier.

Jaja, schon gut. Ich sagte: »Herr Prüfer, gut möglich, dass ich da die einzige Ausnahme auf dieser Welt bin. Aber: Ich bin Rechtshänder. Deswegen läuft mein Hund im Alltag immer auf der rechten Seite. Können wir das nicht in der Prüfung …«
    »Nein«, bellte Methusalem mich an, »der Hund ist links zu führen.«

Und da war er wieder, Rütters leidenschaftlicher Hang zur Befehlsverweigerung.

Ich habe den Befehl nicht verweigert. Ich habe lediglich gefragt, warum.

Das war für den Richter dasselbe. Du weißt ja, dass der Hund links zu führen ist, weil …

Das hat mir der Scharfrichter gesagt, ja: »Weil der Hundeführer rechts das Gewehr trägt.«

Natürlich. Klar. Auf jeden Fall. Wir alle marschieren ja täglich mit Hund an der Leine und Schrotflinte über der Schulter um den Block. Logisch. Also, ich weiß ja nicht, wie das bei Ihnen so läuft, aber wenn ich abends eine Gassirunde mit Knarre und Hund mache, denken die Leute im Dorf doch nicht: »Ach guck, der Rütter trainiert fleißig für die Begleithundeprüfung.« Dann bin ich die Auftaktmeldung in der Tagesschau.

Der Scharfrichter sah die Sache aber anders. Für ihn ist das Brauchtum. Und ich wollte nicht, dass der arme Mann in einen gefährlichen Bereich hochpulst. Also ließ ich Emma links bei Fuß laufen.

 *Also, für meinen Geschmack steht in der Prüfungsordnung eher eine Helikopterelternversion von »Bei Fuß!«.*

Allerdings. Denn »Bei Fuß!« bedeutet in der Begleithundeprüfung nicht, dass der Vierbeiner locker neben dem Zweibeiner hertrabt. Stattdessen soll der Hund mit seiner Schulter am Bein seines Menschen entlangschrubben. Alles andere wäre vermutlich zu natürlich, zu entspannt für Tier und Mensch. Wo bliebe denn da die Hierarchie? Eben.

Und wenn ich nun im Rollstuhl sitze? Muss der Hund dann immer am Reifen entlang, bis er kein Fell mehr hat? Oder wenn ich auf eine Krücke angewiesen bin – geht der Hund erst dann korrekt, wenn er mir mit der Krücke die Kniescheibe wegraspelt?

Und als wäre das nicht schon übertrieben genug, soll der Hund »bei Fuß« auch noch seinen Kopf so drehen, dass er sein Herrchen permanent anschaut. Ich bin kein Chiropraktiker, aber das kann nicht gesund sein.

 *Stell dir vor, ich müsste drei Mal am Tag neben dir herlaufen, als sollte ich die Außenbänder deiner Knie ersetzen. Und dich dabei auch noch die ganze Zeit anglotzen wie ein Justin-Bieber-Groupie – spätestens am vierten Tag würde ich sagen: »Komm, Rütter, nimm die Flinte und erschieß mich.«*

Schon allein wegen der Schmerzen. Auf dem Hundeplatz kann man das hervorragend beobachten. Wenn ein Hund eine Viertelstunde so bei Fuß läuft, wie es sich die Ahnen der »Hundebegleitprüfung« seinerzeit in ihrer Kontrollwut ausgedacht haben, dann passiert anschließend bei allen Hunden das Gleiche: Sie strecken und schütteln sich. Die Evolution hat die Hundeanatomie nämlich nicht nach dem Prinzip konstruiert, dass der Hund eine Viertelstunde seinen Kopf rechtwinklig abstrecken soll.

 *Wer so was will, soll mit einer Eule Gassi gehen!*

Seit Jahren trainiere ich immer wieder mit Hunden, die ich erst mal zum Physiotherapeuten schicken muss, weil sie Probleme in der Hals-Nacken-Muskulatur haben. Dank Methusalem kenne ich nun auch die Ursache: »Bei Fuß!«.

Sehr gut gefiel mir auch die Regel, keine Handzeichen benutzen zu dürfen. Denn in der Begleithundeprüfung zählt nur das gesprochene Wort. »Hier!«, »Bleib!«, »Fuß!« – und keine Handbewegung!

Das Verrückte ist: Würde man Hunde einfach im Umgang miteinander beobachten, könnte man viel lernen. 95 Prozent ihrer Kommunikation läuft über Körpersprache und Gesichtsmimik. Bevor ein Hund Geräusche macht, also knurrt, bellt oder jault, hat er zuvor schon Dutzende körpersprachliche Signale gesendet.

Die Hundeordnung von »Mister Greis« sieht aber nicht vor, dass wir so mit dem Hund kommunizieren, sondern nur mit Worten. Ich will es mal diplomatisch formulieren: Das ist totaler Schwachsinn!

Und damit hört's ja noch lang nicht auf. Denn Hunde nehmen ihre Welt sehr stark über Bewegungen wahr. Wo wir einen Stamm mit Ästen, Zweigen, Blättern, Blüten und Früchten in allen Details sehen, sieht der Hund einen Stamm mit Busch. Mehr Differenzierung hat die Natur nicht angelegt. Wozu auch? Klettern kann der Köter eh nicht. Ihm genügt es, den Stamm zu erkennen, um dranzupinkeln.

Wo wir im Herbst jedes einzelne abgefallene Blatt erkennen, sieht der Hund bloß einen bunten Teppich.

Dafür erkennen wir aber jede Bewegung unter *dem Teppich sofort. Da hat die Haselmaus keine Chance.*

Das stimmt. Probieren Sie es mal aus, testen Sie die Augen Ihres Hundes. Gehen Sie im Wald einfach 100 Meter voraus, während Ihr Hund irgendwo stöbert. Und dann machen Sie das Ganze einmal so, wie sich das »Oppa Hundeprüfer« vorstellt: stehen bleiben, Hände an die Hosennaht und »Hier!« brüllen. Wissen Sie, was Ihr Hund dann macht? Er kneift die Augen zusammen, als hätte er seine Lesebrille vergessen. Und was denkt er dabei?

Die Stimme kenn ich doch. Die dicke Tanne da im T-Shirt? Nee, das kann nicht sein.

Danke, Emma. Sehr feinfühlig.

Aber gehen Sie nur ein einziges Mal in die Hocke und winken Sie. Dann nimmt der Hund sofort Ihre Körperverlagerung wahr und denkt: »Oh, in die Tanne kommt Bewegung! Das ist ja Frauchen. Äh ... in dem Fall Herrchen ...« Und zack, steht er vor Ihnen.

Zumindest wenn Sie »Luuuna« aufmerksam gelesen und das mit den Premium-Hundekeksen verinnerlicht haben. Aber Rütter, nur mal so aus Interesse: Was hat unser jämmerliches Begleithundeprüfungs-Desaster eigentlich mit Buddy zu tun?

Keine Ahnung, warum du plötzlich so drängelst.

Ich weiß, wie die Geschichte weitergeht und schütze dich vor dir selbst.

Sehr aufmerksam, vielen Dank. Buddy und sein Frauchen hatten es also tatsächlich geschafft, innerhalb von sechs Wochen drei Mal bei der Begleithundeprüfung durchzufallen, und zwar immer an derselben Stelle.

Frauchen stand, Buddy daneben. Er sollte auf ein Signal frei laufend bei Fuß mitmarschieren. Leider verpasste Buddy jedes Mal den Startschuss. Frauchen gab die Order »Fuß!« und lief los. Nach drei Schritten kam der Befehl dann auch in seinem Hirn an. Buddy ist halt ein »Berner Sennenhund«, sprich, eher von der gemütlichen Fraktion.

Drei Mal in Folge sah der Prüfungsrichter den Abstand zwischen Frauchens forschem Antritt und Buddys Lebensmotto »Probier's mal mit Gemütlichkeit!« – und ließ die beiden durchfallen! Dabei war ihm offenbar egal, dass Buddy stets auf direktem Weg hinter Frauchen hergetrottet kam.

Oder wie man in Bern sagt: gesprintet.

Wenn Buddy sich gesagt hätte: »Frauchen ist drei Meter entfernt und guckt nicht nach mir, da wälze ich mich doch mal auf der Wiese.«

Hat er aber nicht, keine Spur! Er ist ihr geradewegs gefolgt und hat sich neben sie gesetzt, als sie stehenblieb.

Ich dachte: »Alles tutti, das ist halt ein Berner Sennenhund und nicht Speedy Gonzalez, alles vorbildlich.« Betrachtet man die Welt allerdings durch den Nörgelfilter eines Hunderichters, muss man Buddy durchfallen lassen. Drei Mal.

Dabei musste die Frau die Prüfung dringend bestehen, denn dort, wo sie lebt, braucht man für einen Hund, der mehr als 20 Kilo wiegt oder über 40 Zentimeter hoch ist, genau diesen Nachweis.

 *Sie kam dann ja in ihrer Not glücklicherweise zum Caniden-Checker Nummer eins.*

Danke, Emma!

Hundetraining, ich habe es zu Beginn schon sanft anklingen lassen, ist im Normalfall sehr arbeits- und zeitintensiv. In Buddys Fall war es allerdings mehr als einfach. Ich habe die Frau lediglich gebeten, sich schnellstmöglich für die nächste Prüfung anzumelden und dabei Opas alte Cordhose zu tragen. Das Tolle an Cordhosen ist: Die haben so breite und tiefe Rillen. Und wenn man dann mal so 50 Gramm Leberwurst nimmt und die ganz beharrlich in diese Rillen einmassiert, dann ist diese Hose ein unwiderstehlicher Hundemagnet.

Was glauben Sie, wie Buddy beim nächsten Prüfungstermin Anschluss gehalten hat. Er hat sich an Frauchens Cordhose regelrecht wund geschubbert.

Die Kernkompetenz Deutschlands für Hunde in Bedrängnis.

Na und? Wenn es drauf ankommt, reibe ich mich morgens mit Pansen ein. Wichtig ist doch nur: Buddy hat bestanden. Und auch wenn er in meinen Augen überhaupt nichts auf der Anklagebank zu suchen hatte, konnte das Urteil nach der Prüfung nur lauten: FREISPRUCH!

Für manche Prüfungen gibt's Pokale, in diesem Fall durfte Buddy die Leberwursthose mit ins Körbchen nehmen. Klar, streng genommen war das eine Täuschung. Aber für mich ist das okay. Denn wenn es vom Ergebnis der Begleithundeprüfung abhängt, ob Mensch und Hund zusammen sein dürfen, dann ist das komplett lächerlich. Allein von Größe und Gewicht auf das Wesen eines Tieres zu schließen, ist bloßer Rassismus! Charakter, Sozialverhalten und Aggression sind doch individuell. Nehmen Sie den Rütter – groß, schwer – und sanftmütig wie ein Osterlamm. Und dabei ist er nicht mal Schweizer.

BETTELN UND HAUSIEREN

Angeklagter: Rudi
Alter: 5 Jahre
Rasse: Deutsche Dogge
Gewicht: 78 Kilo
Anklage: Betteln und Hausieren

Ich sitze arglos vor mich hin im Zug von Köln nach Berlin. Da steigt eine ältere Dame zu. Sie ist zirka 80 Jahre alt und top in Schuss, vor allem die Sprechwerkzeuge. Zudem sieht sie aus wie frisch von der Düsseldorfer Kö gepflückt: sandfarbenes Designerkostüm, Schlangenlederpumps, Perlenkette und bestimmt 20 Goldreifen an jedem Handgelenk. Wenn sie gestikuliert, klingeln einem die Ohren wie bei einer Karnevalskapelle.

Die ältere Dame sieht mich und sagt: »Ach Herr Rütter, Mensch, dass ich Sie hier treffe! Toll. Ich kenne Sie ja sonst nur aus dem Fernsehen. Darf ich mich zu Ihnen setzen?« Ich direkt: »Na klar, kein Problem.« Man ist ja schließlich nicht nur Hundeprofi, sondern auch Gentleman. Ihr daraufhin nächster Satz, ich zitiere wörtlich: »Herr Rütter, wer braucht SIE denn schon!?«

Während ich versuche, mich unter dem Klimpern ihrer Armreifen wegzuducken, um meine Ohren vor einem Tinnitus zu bewahren, blättere ich in meinem inneren Duden nach »boshaften rhetorischen Fragen«. Doch die Dame lädt schon nach: »Herr Rütter, ich gucke Ihre Sendung seit zwölf Jahren. Und jedes Mal bin ich überrascht, was Sie da für ein dusseliges Zeug verzapfen. Und wie dämlich sich Ihre Kunden anstellen.«

 *Das war der Moment, Rütter, in dem du zum ersten Mal aufgestanden bist und das Bordbistro aufgesucht hast. Köln – Berlin ist ja eine längere Strecke. Und die Dame hatte offensichtlich ausreichend Munition parat. Daran hat auch der koffeinfreie Kaffee nichts geändert, den du ihr mitgebracht hast.*

Jedenfalls äußert sie schließlich den erlösenden Satz, den ich immer wieder gern höre: »Wo ich Sie schon hier habe … Ich hab da mal 'ne kurze Frage …«

Dann erzählt sie mir, dass sie 50 Jahre lang Doggen gezüchtet habe, dies aber aus Altersgründen einstellen musste. Geblieben sei ihr noch der Rudi. Und der Rudi mache ihr richtige Schwierigkeiten.

Sie zückt ihr Designerportemonnaie, das so viel kostet wie die Bahncard 100 für die erste Klasse. Daraus zupft sie ein Foto von einer knapp 80 Kilo schweren Musterdogge. Schon auf dem Bild ist leicht zu erkennen, dass dieser Kaventsmann zu gut 20 Prozent aus Speichel besteht. Ich frage dennoch so neutral wie möglich: »Und wo ist das Problem mit Rudi?«

»Der bettelt«, jammert die ältere Dame so eindrucksvoll, dass der halbe Waggon glaubt, sie meine mich. Ich will sie beruhigen, denn Betteln ist ja nicht mal in der Problem-Top-40. Die Frau wischt meinen Einwand einfach beiseite: »Aber der Rudi sabbert dabei einfach so fürchterlich.«

 *Verrückt, eine Dogge, die sabbert! Was kommt als Nächstes: ein singender Kanarienvogel? Ein stummer Goldfisch? Eine Katze, die Kanarienvogel und Goldfisch frisst?*

Dem aufgeregten Geklimper ihrer Armreifen muss ich einfach glauben, dass die Lage in diesem Fall wohl wirklich dramatisch ist. Denn was die Frau mit anderen Worten sagen wollte: Jeden Morgen schwappt da ein Tsunami über ihren Frühstückstisch. Das ist natürlich nicht so schön. Besonders wenn Rudi seinen Kopf sogar im Sitz auf die Tischplatte legen kann.

 *Du hättest der alten Dame auch erklären können, was Platz ist. Stattdessen kommst du mit deinen unverschämten rhetorischen Fragen.*

Wieso unverschämt? Ich wollte doch nur wissen, wie sie ihrem Rudi das Betteln beigebracht hat.

Sag ich doch. Pure Provokation.

Na gut! Funktioniert aber.

Fakt ist: Ein Hund *muss* betteln können, sonst wäre er nicht überlebensfähig. Vom ersten Tag an bettelt ein Welpe um die Zitze seiner Mutter. Dabei muss er seine Wurfgeschwister auch mal wegdrängeln, sonst gibt das nichts mit dem ersten Geburtstag.

Kein Wunder, in so einer Wurfkiste herrscht vier Wochen lang ein Geschubse und Gedrängel wie auf dem Münchner Oktoberfest. Immer ran an den Zapfhahn ...

Irgendwann wissen die Elterntiere: »Mit Milch allein kommen wir hier nicht weiter. Wir müssen Fleisch beifüttern.« Sie gehen auf Beutezug, kommen zurück und zerteilen das Fleisch, zerkauen es zu Brei und behalten diesen im Maul. Die Welpen kommen angespurtet, lecken und stupsen ihre Eltern im Lefzenbereich. Das führt dann augenblicklich dazu, dass die erwachsenen Hunde die Nahrung hervorwürgen, die die Welpen fressen. Biologisch betrachtet, ist das das Normalste der Welt.

Nun stell dir vor, da gibt es einen Welpen im Wurf,
der sagt: »Also, Entschuldigung, aber Betteln scheint
mir doch sehr unerzogen zu sein. Ich lehne das ab.«
Diesen Welpen lehnt wiederum die Evolution innerhalb von
neun Wochen ab. Das war's für Käpt'n Knigge.

So sieht's aus.

Betteln ist weder gut noch schlecht, sondern ein völlig normales Verhalten. Und wo ich gerade dabei bin: Viele Leute kommen zu mir ins Training und beschweren sich, ihr Hund springe sie immer so rüde an. Wir beobachten das dann gemeinsam und stellen in neun von zehn Fällen fest: Der Hund springt gar nicht. Er versucht lediglich, am Halter hochzuklettern, um ihn irgendwo im Gesicht zu lecken. Das ist nichts anderes als der Welpe, der versucht, die Lefzen seiner Mutter zu stupsen und zu lecken, um an die Nahrung im Maul zu kommen. Es handelt sich also um eine reine Bettelgeste.

Ich muss eins klarstellen: Wenn Ihr Hund versucht, an Ihnen hochzuklettern, heißt das nicht, dass Sie etwas hervorwürgen müssen. Sie können natürlich, aber Sie müssen nicht. Allerdings ist das die Intention Ihres Hundes. Pure Bettelei. So, wie der Welpe das schon von seinen Eltern gelernt hat. Und im Anschluss vom Züchter. Denn irgendwann werden die Jungtiere ja von Menschen versorgt. Der Züchter kommt mit einem Sack Futter, die Welpen versammeln sich an den Näpfen und winseln, jaulen, klettern am Menschen hoch, bis endlich das Futter in den Napf prasselt – wie auf ihr Kommando.

Mann, Rütter, sag das nicht so abwertend. Die Welpen sind doch erst ein paar Wochen alt. Guck dir all die erwachsenen Männer an, die während der Sportschau winseln und jaulen, bis ihre Frau ihnen ein neues Bier bringt. Von denen sitzt keiner auf der Anklagebank! Wäre aber vielleicht angebracht.

Ach, Paschas sind doch eine aussterbende Spezies. Bei Hunden dagegen ist das die Regel. Schon im Alter von wenigen Wochen lernt ein Welpe: »Betteln funktioniert auch beim Menschen.« Schließlich kommt der junge Hund in sein neues Zuhause. Und natürlich sind wir alle randvoll mit den besten Vorsätzen, wenn ein neues Mitglied ins Rudel kommt. Der gängigste Leitspruch lautet: »Bei uns kriegt der Hund nichts am Tisch – und das ziehen wir auch gnadenlos durch.«

Die Statistik gibt uns recht. Zumindest in den ersten drei Wochen. Und eines Morgens sitzt der Welpe wieder vor uns, mit diesem verzweifelten »Guck mal, wie ich gucke«-Blick, der sogar Donald Trump so was wie Mitgefühl entdecken ließe. Als Ausdruck seiner liebevollen Kapitulation knibbelt der Hundemensch ein mikroskopisch kleines Stück von seinem Brötchen ab, gibt es dem Hund – und ZACK! – jegliche Erziehung der letzten drei Wochen im Orkus. Aus, vorbei, die guten Vorsätze können Sie gleich vom Frühstückstisch kehren. Für den Hund ist ab sofort das Büfett eröffnet, und zwar für immer. All inclusive, 24/7. Vor allem aber: am Esstisch der Familie.

*Na, wo denn sonst? Der Hund IST doch Familie!
Deiner Schwiegermutter servierst du den Kuchen
doch auch nicht in der Garage, und die ist viel
seltener dabei.*

Ich habe gar keine Schwiegermutter, weißt du doch! Was ich
eigentlich sagen will: Aus dem mikroskopisch kleinen Bröt-
chenstück wird im Laufe der Zeit eine eigene Leberwurststulle
oder ein Stück Wurst, jedenfalls ein lieb gewonnenes, all-
morgendliches Ritual. Und unter uns: Was soll denn daran
schlimm sein? Da ist doch nichts dabei, wenn der Hund seinen
Teil abbekommt. Das ist doch auch eine Art vertrauens-
bildende Maßnahme.

Ich nehme erleichtertes Nicken wahr.

*Ich nicke nicht. Ich weiß ja, dass du ein Herz aus
Schmelzkäse hast.*

Nicht du, Emma – der Leser nickt. Glaube ich jedenfalls.

Aaaaber: Es gibt einen Haken. Aus Betteln wird nämlich
irgendwann Fordern.

Wenn aus dem süßen Welpen erst mal ein einjähriger
Pubertist geworden ist, dann hat er nicht mehr diesen unwiderstehlich verzweifelten »Guck mal, wie ich gucke«-Blick,
bei dem Ihnen automatisch die Milch einschießt, egal, ob
Mann oder Frau. Nee, nee, aus diesem Bettelblick wird eine
selbstbewusste »Ich hatte bestellt«-Haltung.

Wenn Sie dann nicht schnell genug sind mit Ihrer »vertrauens-bildenden Maßnahme«, dann stupst der Hund Sie schon mal so ungeduldig unter den Ellbogen, dass der Inhalt Ihrer Kaffeetasse Ihr Frühstücksei frisch aufbrüht.

So oder ähnlich erging es auch der älteren Dame. Wenn sie mit ihrem Rudi ins Restaurant ging und seiner Bettelei nicht schnell genug nachkam, dann legte die Dogge mal eben den Kopf auf einen der Nachbartische. Oder auf die Schultern der anderen Gäste. Das ist nicht immer schön, bei so einem 80-Kilo-Tier mit ungeputztem Morgenatem. Besonders wenn Rudis Sabber aus der Tischdecke Holland nach dem Klima-wandel macht. Rudi bettelte sich also von Tisch zu Tisch, bis er irgendwo fündig wurde. Und sei es nur, weil die Leute die Flucht ergriffen vor diesem Klitschko in Hundegestalt.

Diese Art von Mundraub nervt, ist peinlich und führt häu-fig dazu, dass der Restaurantbesuch nicht mit der Rechnung endet, sondern mit der Roten Karte. Platzverweis wegen »Bet-teln und Hausieren«.

Spätestens an diesem Punkt nehmen sich viele Hunde-halter vor, ihrem Hund dieses Verhalten wieder abzugewöh-nen. Dazu kann ich nur sagen: »Richtig. Aber.« Mein »Aber« bezieht sich – wie meist im Hundetraining – auf die Konse-quenz. Meist nehmen sich die Halter nämlich vor, das Betteln einfach zu ignorieren.

Nach dem ersten Tag denkt der Hund: »Oh, die haben an-scheinend ein gutes Hundebuch über Lernverhalten gelesen.«

Sofort entwickelt er eine Strategie, um die alten Verhältnisse wiederherzustellen. Diese besteht im Wesentlichen aus zwei Phasen. Phase eins beginnt nach etwa drei Tagen des Nichtfütterns bei Tisch. Diese Phase nenne ich aus gutem Grund »Psychoterror«, denn der Hund setzt dabei sein komplexes Wissen über die Menschheit im Allgemeinen und im Besonderen ein. Genauer: »Meine Menschen halten es nicht aus, wenn ich sie ignoriere.« Wenn Sie dem Hund also zwei, drei Tage bei Tisch nichts geben, gibt er Ihnen etwas, nämlich das Gefühl: »Kein Problem, ich kenne zum Glück auch andere Menschen.«

Demonstrativ guckt er Sie mit dem Arsch nicht an. Wenn Sie den Tisch decken, dreht der Köter sich demonstrativ um und geht weg.

 *Die Hundepsychologie spricht hier von nonverbaler Kommunikation. Die trifft viele Menschen tiefer ins Herz als eine wortreiche Diskussion mit dem Partner. Deshalb heißt Phase eins unter Hunden auch »körpersprachliche Kriegserklärung«.*

Das halten viele Hundehalter nicht aus. Wenn der Hund kommentarlos die Küche verlässt, übernimmt das schlechte Gewissen im Menschen. Das reißt alle guten (und richtigen) Vorsätze ein – und plötzlich erscheint wie von Geisterhand ein winziges Stück Wurst zwischen den menschlichen Fingern.

Ich kam, ignorierte und siegte.

Ein einziges Stück Wurst – alles wieder auf Anfang. Das komplette Anti-Bettel-Training abgeraucht wegen *eines* einzigen Leckerchens. Aber seien Sie nicht zu streng mit sich: Dem Psychoterror des eigenen Hundes kann man nicht immer standhalten. Je früher Sie das akzeptieren, desto schneller fangen Sie mit dem nächsten Anti-Bettel-Programm an. Ihr Hund kontert erneut mit seiner »Ignorier-Offensive«, Sie halten durch. Nach ein bis zwei Wochen führt das zu ersten Rissen im Glaubensgebäude Ihres Hundes. Deshalb zündet er Phase zwei seines Anti-Anti-Bettel-Programms: tiefe Depression.

Der Hund wartet mit seinem beeindruckenden Schauspiel, bis am Abend die ganze Familie am Tisch sitzt. Dann schleppt er sich mit letzter Kraft zum Rudel. Die Krallen schleifen kraftlos über den Boden, der Kopf ist tief geneigt. Das Tier bewegt sich, als hätte über Nacht eine spontane Arthrose jedes einzelne Gelenk befallen. Zum krönenden Abschluss bedenkt der Hund die ehemals liebende Familie mit diesem matten Blick vollständiger Resignation: »Jaja, vergesst mich nur. Vergesst euren treuesten Freund … der immer für euch da war.«

Hust.

Ich sage es Ihnen, wie es ist: ein einziges Stück Wurst als Reaktion auf ein solches Schauspiel, und alles ist vergessen. Depression weg, Arthrose weg, Gelenke fit. Der Hund erfährt eine spontane Wunderheilung.

 *Sei mal fair, Rütter, da heilt ja nicht nur das Leckerchen. Sondern auch die Tatsache, dass der Hund sich wieder als Teil der Familie fühlt.*

Quatsch! Der Hund ist immer Teil der Familie. Und wo er das nicht ist, helfen ihm auch keine Wurstspenden weiter. Fakt ist: Mit einem winzigen Almosen bei Tisch beginnen sofort wieder die täglichen Gebete des Bettelmönchs.

Leider kommt es noch schlimmer. Denn wenn Sie nach einer oder zwei Wochen schwach werden und dem Hund doch wieder etwas geben, öffnen Sie nichts anderes als die Leckerchen-Büchse der Pandora. Dafür gibt es sogar ein ausreichend abschreckendes Fremdwort: »intermittierende Verstärkung«. Dabei handelt es sich um ein ausgesprochen wirkungsstarkes Werkzeug aus der Psychologie, genauer gesagt, aus dem operanten Konditionieren.

In unserem Fall verheißt es aber ganz und gar nichts Gutes. Dabei ist die »intermittierende Verstärkung« zunächst nur eine Art Zufallsprinzip. Zuvor haben Sie auf das Betteln Ihres Hundes immer mit einem Leckerchen reagiert. Ihre Reaktion war automatisiert, Ihr Hund hat schnell gelernt: »Betteln lohnt sich!«

Irgendwann nervt die Bettelei und Sie nehmen das Anti-Bettel-Training auf, mit konstantem Entzug jeglicher Leckerchen bei Tisch. Ihr Hund ignoriert Sie zunächst und verlässt den Raum, sobald Sie anfangen, den Tisch zu decken. Dann verfällt er höchst depressiv dem spontanen Siechtum. Woraufhin Sie wieder schwach werden und ihn belohnen. Damit kapiert der Hund ein für alle Mal: Der Mensch ist hochgradig unzuverlässig. Er gibt was, dann gibt er drei Tage nichts, dann gibt er wieder was, dann eine Woche nichts – aber irgendwann, und das ist das Entscheidende, gibt er wieder was. IMMER.

Was heißt das für den Hund? Genau. Er bettelt umso konsequenter. Ist doch logisch, er weiß ja ohne umfassende Statistikkenntnisse: Irgendwann gibt es ein Leckerchen am Tisch. Also bettelt er sich durch jede noch so lange Dürrephase. Denn er hat ja gelernt: Irgendwann ist sein Mensch weichgekocht. Dann sprudelt die Belohnungsquelle wieder.

Keine Ahnung, Rütter, aber für mich klingt das so, als stamme der Hund gar nicht vom Wolf ab, sondern vom schlauen Fuchs.

Vielleicht ist der Hund auch bloß bibelfest. Ich sage nur: Matthäus 7, 7: »Bittet, so wird euch gegeben (…)«.

Oha! Werden wir soeben Zeugen eines Wunders? Rütter zitiert die Bibel?!

Das dient ja alles nur dem Ziel, Rudi von der Anklagebank zu bekommen. Also frage ich die ältere Frau: »Sie haben seit 50 Jahren Hunde. Was haben Sie denn bislang unternommen? Ich bin doch nicht der Erste, den Sie fragen.«

»Nö«, sagt sie, »als Erstes habe ich dem Rudi ins Gewissen geredet: Überleg doch mal selber, ich kann dich ja nirgendwohin mehr mitnehmen. Mit der Bettelei muss jetzt mal Schluss sein.«

Lass mich mal raten, Rütter: Das hat noch nicht so richtig funktioniert.

Genauso wenig wie der anschließende Termin beim Reiki-Meister. Dieser hat erst die Magnetlinien von Rudis Körbchen und dann den Rudi selbst ausgependelt und ihm anschließend lauter Kügelchen verordnet – um die Rudi dann ständig gebettelt hat.

Logisch! Die sind ja auch aus Milchzucker. Lecker! Hat aber offensichtlich nichts gebracht, oder?

Ich werte das mal als rhetorische Frage. Natürlich nicht.

Also habe ich die Dame mit der radikalsten aller Lösungen für dieses Problem vertraut gemacht.

Du hast ihr gesagt, sie dürfe Rudi am Tisch nichts mehr geben.

Ich habe ihr gesagt, sie dürfe Rudi am Tisch nichts mehr geben, genau! Sie reckte daraufhin verzweifelt die Hände zur Waggondecke, erinnerte mit ihren Armreifen noch einmal die versammelte Reisebelegschaft daran, dass ein Tinnitus jeden ereilen kann, und jammerte: »Herr Rütter, ich dachte, Sie seien Profi! Da muss es doch noch eine andere Lösung geben.«

Die gibt es natürlich immer.

Nein, Rütter! Auf eine Katze umsteigen, ist echt keine Lösung.

Aber ganz ehrlich: Ich sage ihr, sie solle den Hund vier Wochen am Stück bei Tisch nicht füttern, und die alte Dame kollabiert fast vor Kummer? Vor lauter Wehklagen konnte ich das Geklimper ihrer Armreifen kaum noch hören. Aber sie ist da ja wahrlich keine Ausnahme. Das »Guck mal, wie der guckt«-Phänomen betrifft ja eigentlich alle Hundemenschen. Man holt schließlich keinen Hund in die Familie, um dann das Gefühl zu haben: »Der arme Kerl verhungert.«

Die Beziehung zu unseren Hunden ist hochemotional. Sie sitzen am Frühstückstisch, sehen Ihr Tier an – und Ihre Gefühle fahren Achterbahn. Sie gucken Ihren Mann an – joa, Kinderkarussell, allerhöchstens. Mit unserem Hund gehen wir einfach tiefe emotionale Bindungen ein. Und nun folgt die entscheidende Botschaft: Die Hunde wissen das. Sie haben nicht nur selbst eine hochkomplexe Gefühlslandschaft, sie sind auch empathisch, das heißt, sie fühlen mit.

Es ist doch logisch, dass wir uns schwertun, ein so hoch-emotionales Lebewesen zurückzuweisen. Wir nehmen die Gefühle unseres Hundes ernst. Und wenn er uns deutlich macht, dass er innerhalb der nächsten drei Minuten an Unter-ernährung verendet – dann nimmt uns das mit.

Spätestens, wenn wir wieder schwach geworden sind und ein Leckerchen unter den Tisch gesegelt ist, merken wir natürlich unmittelbar, dass der Köter uns bloß veräppelt hat. Also gibt es nur einen Weg, dem Betteln dauerhaft ein Ende zu setzen: einen Monat Disziplin halten und dafür ein Leben lang belohnt werden. Das ist der perfekte Deal.

Soll die ältere Dame halt den Februar nehmen, der ist schön kurz. Oder die Fastenzeit.

Mit Rudi ist es jedenfalls wie mit jedem anderen Hund: Nach vier Wochen verdrängt er quasi, dass er jemals am Tisch etwas bekommen hat. Das heißt nicht, dass er nie wieder betteln wird. Und nie wieder sabbern schon gar nicht. Aber das »Betteln und Hausieren«-Problem ist dann Geschichte. Und Rudi bekommt zur Belohnung kein Leckerchen, sondern einen FREISPRUCH!

Ich verstehe jeden, der bei diesem Thema einfach nicht konsequent bleiben kann. Jeder Hunde-mensch, der bereits Opfer dieses »Guck mal, wie der guck«-Blickes wurde, weiß, wie schwer es ist, dem zu wider-

stehen. Springen wir kurz 30 000 Jahre zurück, an den Anfang der Mensch-Hund-Beziehung. Trotz der überwundenen Eiszeit musste der Mensch jeden Tag ums Überleben kämpfen. Die Sippe musste versorgt sein, es wurde gemeinsam gejagt und das Gejagte geteilt. Das waren harte Zeiten für harte Menschen mit harten Herzen. Da wurden keine Liebesgedichte geklöppelt, da wurde die Auserwählte an den Haaren in die Höhle gezogen.

Aber ein Kinderweinen hat sie alle milde gestimmt. Genau wie der Blick eines hungrigen, bettelnden Wolfes, der sich in der Nähe des Lagers herumtrieb. Wenn selbst diese Urzeitmenschen sich haben erweichen lassen – wie sollte ein Max Mustermann der wattezarten Gegenwart dem Bettelblick widerstehen können?

Also: Seien Sie bloß nicht zu streng mit sich, wenn Sie mal wieder dem Bettelschauspiel eines Caniden erlegen sind. Sie sind nur ein Rädchen im großen »Survival of the Fittest«-Uhrwerk. Und mit »the fittest« sind in diesem Fall einfach wir Hunde gemeint. Denn die Fähigkeit, erfolgreich zu betteln, ist das Erfolgsrezept meiner Spezies. Und der Urgrund für die 30 000-jährige Freundschaft zwischen Mensch und Hund.

WILDEREI
IM AFFEKT

Angeklagte: Nelli
Alter: 5 Jahre
Rasse: Border Terrier
Gewicht: 9 Kilo
Anklage: Wilderei im Affekt

Wahrlich, ich sage Ihnen: Die größte Kirmes haben Sie im Hause, wenn Ihr Hund jagt. Dies ist eines der größten Probleme überhaupt. Vor allem für den Menschen.

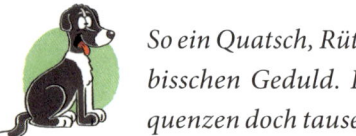

So ein Quatsch, Rütter! Der Mensch braucht nur ein bisschen Geduld. Für den Hund sind die Konsequenzen doch tausendmal schlimmer. Überleg mal: Wenn der Hund ab und an jagen geht, führt das früher oder später zur Kündigung der Freundschaft. Und zur Freiheitsberaubung.

Langsam, Emma, langsam! Fangen wir mal von vorn an! Ihr Hund haut ab zum Jagen und lässt Sie mit dem Gefühl absoluter Ohnmacht zurück. Egal, ob er sich selbst in Gefahr bringt oder andere Tiere oder den Straßenverkehr – Sie haben jedenfalls keinen Einfluss mehr. Das verunsichert Sie derart, dass Ihr Hund in den folgenden Wochen erst mal schön an der Leine bleibt.

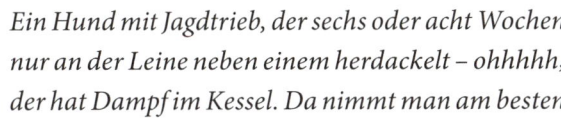 *Ein Hund mit Jagdtrieb, der sechs oder acht Wochen nur an der Leine neben einem herdackelt – ohhhhh, der hat Dampf im Kessel. Da nimmt man am besten einen ganz bequemen Stuhl mit, wenn man den das nächste Mal freilässt.*

Stimmt, das wird zum Teufelskreis mit Gute-Laune-Garantie.

Wenn Sie sich dann nach acht Wochen vertrauensbildenden Maßnahmen endlich wieder trauen, ihn abzuleinen, haben Sie kaum den Karabiner aufgedrückt, da schießt er vom Standgas auf 80 km/h in null Sekunden. Der Hund jagt, Sie warten in großer Angst, dass irgendetwas passieren könnte, und wenn er sich Stunden später endlich zurückbequemt, werfen Sie sich auf ihn. Und dann bleibt er wieder wochenlang an der Leine. In der Folge wird der Hund wahnsinnig oder Sie oder beide. Bei diesem »Spiel« gibt es keine Gewinner.

So wie bei dem jungen Pärchen, das mit seiner Border-Terrier-Hündin Nelli zu mir ins Training kam. »Seit sechs Monaten haben wir kein anderes Thema mehr als das Jagen«, erklärte der junge Mann. »Meine Frau dreht inzwischen komplett durch.«

Das war leider nicht im übertragenen Sinne gemeint, denn seine Frau hatte tatsächlich eine ganz eigene Theorie entwickelt, wie sie Nelli das Jagen abgewöhnen könnte: Sie hatte den Hund auf vegetarische Kost umgestellt. »Wenn der Hund kein Fleisch mehr kriegt, rennt er dem Fleisch auch nicht mehr hinterher.«

Klar, und ein Yorkshire Terrier ist auch nicht mehr aggressiv, wenn man ihm ein Räucherstäbchen in den Hintern rammt.

So weit, so wahnsinnig.

 *Geniale Idee, Rütter. Erinnert mich fatal an die »Mucki«-Episode.*

Stimmt!

Ich erlaube mir, kurz abzuschweifen: Damals kam Balou zu mir ins Training, ein junger Münsterländer-Rüde mit – Achtung! – massivem Jagdtrieb. Gut, sein Frauchen war Zahnärztin, da verstehe ich jeden Fluchtimpuls. Aber ganz ehrlich: Das Wesen eines Münsterländers besteht zu 98,5 Prozent aus Jagdleidenschaft. Wenn der könnte, hätte er die »Wild & Hund« abonniert. Findet so ein Jagdhund etwas spannend, dann brettert er mal eben hin – und kommt auch wieder zurück. Nicht so Balou. Vier Stunden war der weg. Und zwar täglich. Die Zahnärztin war völlig fertig mit den Nerven.

 *Und weil der feine Herr Rütter nichts lieber spielt als den weißen Ritter …*

Moment – der weiße Ritter füllt auch *deinen* Napf mit seinen Heldentaten, richtig?

Ich verabrede mich also mit der Zahnärztin im Kölner Stadtwald, bitte sie, Balou angeleint zu lassen. Und was tut sie? Kaum sieht sie mich, macht sie Balou los. Der Hund schaltet direkt auf Raketenantrieb und ballert im gestreckten Galopp dem erstbesten Karnickel hinterher. Und Frauchen ruft ihm nach: »Baalouuuuuuuuuuu! Das ist doch der Mucki!«

Ihre Erklärung: »Zu Hause haben wir ein Kaninchen, den Mucki. Und wenn der Balou dann Karnickel jagt und ich rufe »Das ist doch der Mucki!«, dann tut er dem Kaninchen nichts.« So eine Theorie muss man erst einmal einwirken lassen. Die Frau ist Zahnärztin. Die hat immerhin einen mittleren Bildungsgrad. Ich dachte, die stellt mich mit so einer Nummer auf die Probe. Wie soll man da ernst bleiben?

»Mucki-Gate« zeigt allerdings, dass viele Leute beim Thema Jagen den Schuss wirklich nicht gehört haben. Deshalb springen wir wieder zur Quelle des Problems – oder besser: des Phänomens »Jagen« –, und das ist …

Die Zitze.

Wir spulen jetzt also einfach mal so ein Hundeleben zurück zum Anfang und fragen uns: Wie alt war zum Beispiel Balou – und das gilt selbstverständlich auch für Nelli – bei der allerersten Jagd?

Eine Stunde!

Ganz genau! Balou plöppt aus der Fruchtblase, seine Mama leckt ihn sauber. Und das Erste, was dieser Welpe, der blind und taub ist und seine Hinterbeine noch für einige Tage nicht koordinieren kann, anschließend ganz allein schafft, ist im Prinzip ein kleines Wunder: Mit der Nase ortet der Welpe die Zitze der Mutter, robbt – ohne Einsatz der Hinterläufe – an die Quelle und trinkt. Streng genommen ist das nichts anderes als Jagen. Ein Überlebensinstinkt der Evolution.

Im Alter von einer Stunde findet der schon die Bar – ein Traum für jeden Mann!

Wir springen in der Entwicklung mal sechs Wochen nach vorn. Der Welpe spielt draußen mit seinen Geschwistern. Der Wind weht ein Blatt vom Baum, das langsam nach unten segelt. Der Hund rennt hin – und springt drauf: Jagdverhalten! Das ist der sogenannte »Mäuselsprung«.

Das kennen Sie bestimmt auch von Ihrem Hund: Der steht mitten auf dem Feld, eine Vorderpfote nach vorn angewinkelt, den Kopf leicht schief, als lausche er noch eben dem letzten Gebet der Maus.
Dann ein Sprung auf die Maus – Jagen!
Sie werfen einen Ball, der Hund rennt hinterher – Jagen!

Der Hund buddelt im Garten nach dem Maulwurf – Jagen!
Der Hund schüttelt zu Hause eine alte Socke durch – Jagen!
Der Hund springt aufs Büfett und räumt alles ab – Jagen!
Das sind allesamt klassische Jagdmuster.
Verdammt, jetzt hab ich Lust auf einen Spaziergang. Rütter!!!

Später, Emma.

Eine biologisch sinnvolle Jagd läuft immer nach demselben Strickmuster ab. Mittels Augen, Nase oder Ohren wird zunächst die Beute geortet. Der Hund steht da, nimmt wahr – und die Vorstellung beginnt: Anschleichen, Hetzen, Packen, Töten, Zerreißen, Fressen. Das ist biologisch funktionales Jagen.

Wolf hat Hunger, Wolf geht Jagen. Seit Urzeiten läuft das nach diesem Schema. Mit einem winzigen Unterschied, und den hat der Mensch zu verantworten.

 *Ja, heute heißt es nämlich: Hund hat Hunger – Hund guckt depressiv in den Napf.*

Auch das ist eine funktionale Strategie. Ich erinnere kurz an Rudi und die Evolution des Bettelns. Das funktioniert seit Jahrtausenden, hat aber mit funktionalem Jagen rein gar nichts zu tun.

Wenn Ihr Hund mal eben zum Jagen abhaut, dann tut er das nicht, weil er Kohldampf hat. Unsere Hunde wissen doch gar nicht, was Hunger ist.

Das gilt übrigens auch, wenn Ihr Labrador Ihnen etwas anderes erzählt.

Einspruch, Euer Ehren! Just in diesem Moment breitet sich in meinem Inneren so eine große, traurige Leere aus, die ich wirklich ganz entschieden als Hunger ...

Einspruch abgelehnt!

Streng genommen weiß der Hund gar nicht, was eine biologisch funktionale Jagd ist. Wenn er aber weder aus Hunger noch aus funktionalen biologischen Gründen jagt, warum entschwindet er dann mit wehenden Ohren zum Jagen? Die Antwort ist so schlicht wie Markus' passender Hit aus den 1980ern: »Ich geb Gas, ich will Spaß!«

Das Lied ist fast 280 Hundejahre alt, aber immer noch wahr!

Es macht einen Riesenspaß, so einem Karnickel hinterherzurennen. Denn wenn der Hund ein Tier hetzt, schießt bei ihm ein Hormon ein: Serotonin, das Gute-Laune-Geschenk der Natur – übrigens auch für uns Menschen. Wenn wir den Skihang hinunterwedeln, Fallschirm springen oder Sex haben, bekommen wir das volle Serotonin-Paket. Und was ist das Problem mit all den Dingen, die so richtig gut sind? Sie machen süchtig.

Wenn der Hund also fünf-, sechsmal diesen Kick hatte beim Hetzen, dann will er ihn noch mal haben, und noch mal. So wie der Marathonläufer, der auf der Strecke immer wieder seine Serotoninschübe bekommt. Bei mir passiert das meist etwa bei Kilometer 37.

Klar, auf der Radtour ... mit dem E-Bike. Aber keine Sorge, die Sucht hat er im Griff. Definitiv!

Nun kommen wir aber zum entscheidenden Punkt, wenn es um Nelli oder Balou oder auch Ihren Hund geht: Wenn die zum Jagen abhauen und entweder schnell genug sind, um den Hasen zu stellen oder sich ein fußlahmes Karnickel ausgesucht haben, dann passiert Folgendes: Der Beutegreifer hetzt die Beute, holt sie ein – und plötzlich, wenn der Hasenhintern nur noch wenige Zentimeter entfernt ist, bleibt das Karnickel plötzlich stehen und duckt sich. Das gehört zum Flucht-Angriff-Totstellen-Repertoire vieler Spezies. Wer sich tot stellt, hofft darauf, übersehen zu werden.

In Bezug auf den Hund ist das natürlich unbegründet. Der Hund sieht, riecht und hört seine Beute. Aber er ist ein Junkie. Er will den Spaß, er will den Kick, er will das Serotonin. Also fordert er den Hasen auf, weiterzurennen, indem er ihn taub bellt, damit dieser endlich wieder in den Spielmodus wechselt. Zur Not würde er dem Nager auch eine Möhre ausbuddeln, damit der wieder zu Kräften kommt und weiterrennt. Hier liegt der entscheidende Unterschied zur biologisch funktionalen Jagd: Packen, Schütteln, Zerreißen und Fressen sind – im Normalfall – die Schritte, die beim Hund meistens wegfallen. Das bedeutet: Wir können dieses Verhalten gut trainieren!

Es gibt also durchaus begründete Hoffnung für den Hundehalter. Mit einer entscheidenden Einschränkung: Man muss ein Auge für den Hund entwickeln. Die beste Voraussetzung: Wer Gassi geht, guckt nicht auf sein Smartphone, sondern – verrückt, hat sich aber bewährt – auf sein Tier! Nicht wenige Halter behaupten: »Mein Hund ist einfach abgehauen, so schnell konnte ich gar nicht gucken. Der war ganz plötzlich weg, wie ein Zaubertrick.«

 *Klar, wenn man zwischendurch kurz zwei SMS an Mutti schreibt, eine Runde »Candy Crush« spielt und sich fünf Katzenvideos ansieht, dann verpasst man schon mal die eine oder andere Botschaft vom Hund.*

Dabei kündigt jeder Hund sein Jagdverhalten mit Körpersignalen an. Immer! Überall!

Ich gebe zu, es gibt Hunde, da liegt zwischen dem großen »Halali«-Jagdappell und dem »Der Fuchs ist tot«-Finale nur eine halbe Sekunde. Aber im Normalfall kündigt sich das Verhalten deutlich erkennbar an. Dafür muss man allerdings hinschauen, und das ist nicht immer einfach, das weiß ich. Ich hatte ja einige Jahre lang zwei Hunde. Da passiert körpersprachlich natürlich gleich doppelt so viel. Zum Glück hatte ich auf der einen Seite Emma, den sehr quirligen, lebhaften Junghund, und auf der anderen Seite Abbey, die alte Ridgeback-Rentnerin. Unsere Spaziergänge liefen immer auf die gleiche Art ab: Emma gehört zur Abteilung Attacke. Sie feuerte mit Temperament durch Feld, Wald und alle Wasser. Abbey und ich schlenderten altersgemäß im Seniorentempo hinterher. Zwei Stunden lang scherte sich Abbey kein bisschen darum, welchen Zirkus Emma veranstaltete – aber wehe, Emma stand auch nur zwei Sekunden auf einer Stelle und konzentrierte sich. Da schaltete Omma den Rollator sofort in den fünften Gang hoch – nicht, dass sie etwas verpasst!

Das Entscheidende schlabberst du wieder, Rütter: Ich wollte *doch, dass Abbey mitmacht. Frei nach Cindy und Bert: »Im Duett ist's doppelt nett.« Aber irgendwann war Abbey einfach zu taub und zu blind für die feine Jagdaufforderung. Ich musste sie richtiggehend anfunken: »Emma an Abbey … Brotdose gepackt? Flachmann gefüllt? Flinte geschultert? Wildschweinferkel auf zehn Uhr!« Dann sind wir losgebrettert. Und aus Omma Abbey wurde in null Komma nix wieder eine geschmeidige Ridgeback-Amazone.*

Was habe ich diese Momente genossen. Ich habe den beiden noch hinterhergerufen: »Das ist doch der Mucki!« – nur weil die anderen Leute im Wald daraufhin geguckt haben, als hätte ich mich auf 13 Gehirnzellen runtergetrunken. Wenn die zwei nämlich zur Jagd abmarschiert sind, konnte sich auch der feine Herr Rütter auf irgendeine Baumwurzel setzen, das Handy rausholen und »Candy Crush« spielen oder sich zur Strafe eine Stunde Katzenvideos angucken. Denn dann war ich selbst schuld. Hätte ich meine Hunde besser beobachtet, wäre das nicht passiert.

Wenn ich also sehe, dass mein Hund sich einen Hauch zu sehr konzentriert, mit der Nase verdächtig dicht über dem Boden schnüffelt – dann rufe ich ihn sofort.

Weil du ein Spielverderber bist.

Nein, weil ich »Candy Crush« und Katzenvideos hasse. Zum Glück waren Emma und Abbey so gut erzogen, dass sie auch direkt kamen.

Wenn ich nun der verlockenden Spur nicht nach-gehe, sondern zu dir komme, steht allerdings auch eine echte Belohnung an.

So fair muss ich dann sein, stimmt. Wenn ich also sehe, dass Emma eigentlich lossprinten und auf Serotoninjagd gehen will, und ich rufe sie ab – und sie kommt –, dann ist es doch meine Pflicht, sie anschließend dynamisch zu beschäftigen. Dann stecke ich keinen Keks ins Maul, sondern dann fliegt ein Futterbeutel, ich mache ein Jagdspiel oder was auch immer, damit Emma Dampf ablassen kann.

Na ja, bei Abbey musstest du bloß ein Stück Käse auf den Boden werfen und sie hatte schon eine Dreiviertelstunde zu tun, – mindestens.

So ist das eben: Wenn sich die Lust auf Fallschirmspringen und Sex in ein Käsebrot verwandelt, dann nennt man das Alter. Daran ist nichts Verwerfliches.

Wenigstens da weißt du, wovon du redest.

Schlimm finde ich hingegen, dass mittlerweile viele Leute nicht mehr auf ihre Hunde achten wollen. Die stieren eine Stunde nur ins Smartphone – und das ist nicht akzeptabel.

Deshalb habe ich einfach mit den Haltern geübt, die Hunde richtig zu beobachten. Und sie augenblicklich abzurufen, sobald sie jagdvorbereitendes Verhalten an den Tag legten. Dann haben wir uns spannende Jagdersatzspiele ausgedacht und mit den Hunden eingeübt, damit diese lernen, dass es Spaß machen kann, dem Jagdimpuls zu widerstehen und zu bleiben. Nach kaum sechs Wochen hieß es sowohl für Balou als auch für Nelli: FREISPRUCH!

Leider ruft seitdem niemand mehr »Das ist doch der Mucki!« aus dem Stadtwald. Es sei denn, meine Wenigkeit geht selbst auf Jagd, damit der Rütter den Spruch mal wieder brüllen kann.

IRREFÜHRENDES SCHWANZWEDELN

Angeklagter: Bosco
Alter: 4 Jahre
Rasse: Hovawart
Gewicht: 40 Kilo
Anklage: irreführendes Schwanzwedeln in Tateinheit mit versuchter Körperverletzung

Wo wir gerade beim Thema Beobachten sind – hatte ich schon erwähnt, dass Gassigehen mit Smartphone nicht akzeptabel ist? Dass die Kommunikation zwischen Hund und Mensch ein wesentlicher Bestandteil des gemeinsamen Spaziergangs ist? Hatte ich? Gut, dann kann ich es an dieser Stelle ja vertiefen. Die Beobachtung ist fundamental wichtig für die Beziehung. Eine Partnerschaft funktioniert nur, weil man Anteil nimmt am anderen, weil man weiß, was ihn glücklich macht, womit man ihn ärgern kann. Beobachtung vertieft die Gefühle und macht den Partner berechenbarer. Das ist beim

Hund nicht anders. Leider beobachte *ich* im Training immer häufiger, dass manche Menschen das Beobachten verlernt haben. Oder sich vielleicht auch gar nicht mehr interessieren. Für den Hund oder/und den Partner. Und alsbald tauchen die Probleme auf. Eine Kundin kam mit ihrem vier Jahre alten Hovawart-Rüden Bosco zu mir: »Mein Hund ist total gestört. Komplett unverträglich mit anderen Rüden. Es gibt keinen einzigen, mit dem Bosco klarkommt.«

 *Wer mit Rüden nicht klarkommt, ist mir erst mal sympathisch. Die sind ja oft gockeliger als ein venezianischer Gondoliere.*

Mit einer Störung hat das trotzdem nichts zu tun. Rüdenunverträglichkeit ist keine Verhaltensstörung, sondern in erster Linie bloß Machogehabe und Statuscheck. »Das ist auch nicht das Problem«, sagte die Kundin. »Aber jedes Mal, bevor Bosco aggressiv wird, wedelt er so freundlich mit dem Schwanz.« Und schon sind wir beim Thema, nämlich genau hinzuschauen.

Wir haben 3 000 Hundemenschen befragt: »Was bedeutet es, wenn ein Hund mit dem Schwanz wedelt?« 2 500 haben angekreuzt: »Hund freut sich/Hund ist freundlich«. Äh … Haben Sie mal einen Dackel beobachtet, der vor dem Mauseloch steht und mit der Schwanzspitze wedelt? Ich garantiere Ihnen, der wird nicht besonders freundlich zu dieser Maus sein, wenn sie rauskommt. Und nein, er freut sich auch nicht aufs Essen. Er ist erregt. Das können wir grundsätzlich festhalten: Schwanzwedeln = Erregung. Nein, nicht das, was Sie jetzt denken!

 *Dir ist schon klar, dass unter uns Hunden Schwanz nicht Schwanz, sondern Rute heißt, oder?!*

Es gibt die verschiedensten Arten von Schwanzwedeln.

– Steht der Schwanz kerzengerade nach oben und die Schwanzspitze vibriert, ist das nichts anderes als Imponiergehabe.

– Hängt der Schwanz kraftlos nach unten, ist das ein Ausdruck von Unsicherheit. Sie können es nicht lassen, was? Zurück zum Thema Hund!

– Ein eingeklemmter Schwanz mit vibrierender Spitze signalisiert Angst.

Nur wenn der Schwanz mit dem ganzen Hund wackelt und der Körper weich ist, ist das ein Ausdruck von Freude und Freundlichkeit. Sie kennen das doch: Sie wachen morgens auf, Ihr Hund kommt ans Bett, und sein Hinterteil tanzt Samba und Lambada zugleich. Okay, die meisten von Ihnen kennen diese Situation wahrscheinlich doch nicht, denn Ihr Hund hat natürlich IM Bett geschlafen.

Ähnlich sieht es aus, wenn Sie vom Einkaufen kommen. Dann freut sich Ihr Hund über Sie, den Leckerbissen, den Sie mitgebracht haben, oder beides und wedelt geschmeidig mit Hinterteil und Schwanz.

Schwanzwedeln kann aber auch auf Aggression hindeuten. Wenn der ganze Körper Ihres Hundes angespannt und leicht nach vorn gerichtet ist, sein Nasenrücken etwas abgesenkt, wie ein Boxer hinter seiner Deckung. Der Hund fixiert etwas, mit kerzengeradem Rücken, und der Schwanz schwingt als Verlängerung des Rückgrats – das ist nichts anderes als eine ernste Drohung.

 *Das ist die Hundeversion von »Was hast du Hosenscheißer über meine Mutter gesagt?!«*

Ab diesem Zeitpunkt läuft der Countdown von drei abwärts, und es dauert nicht lange, dann heißt es: »Lass gehen, Kapelle!«

Das ist übrigens oft die Haltung von Hunden, wenn ich zum Hausbesuch komme. Die Tür geht auf, die Kunden begrüßen mich – und da steht ein Schäferhund neben der Tür, stocksteif, starrt mich mit abgesenktem Kopf an, und die Leute sagen: »Kommen Sie nur herein, Herr Rütter.«

Ja, bin ich denn lebensmüde?! Diese Menschen haben keinen Blick für den Stress, den ihr Hund gerade hat. Ihnen ist nicht klar, dass sie ihrem Köter gerade mit meiner frischen Haxe vor der Nase herumwedeln.

 *»Der tut nix« sind sehr beliebte letzte Worte. Gern in Kombination mit »Oh, das hat er ja noch nie gemacht!«*

Im Klartext heißt das: Es ist unsere Aufgabe! Wir Menschen müssen sehr genau beobachten, um zu verstehen, was der Hund da gerade macht oder machen will.

Zum Glück ist Hundeverhalten immer vorhersehbar. Wenn man ihre Art der Kommunikation kennt. Und hinschaut!

Wenn die Anklägerin über Bosco sagt, er habe freundlich gewedelt, bevor er aggressiv wurde, bin ich ziemlich sicher, dass Bosco wohl eher imponierend drohend gewedelt hat, bevor es zur Auseinandersetzung kam. Oder der Schwanz stand schon zitternd in Rückgratverlängerung wie eine durchgeladene Schrotflinte.

Schwanzhaltung und -bewegung sind für uns Hundemenschen sehr aufschlussreich. Was wir allerdings nicht mitbekommen: Untereinander tauschen Hunde dadurch noch viel mehr hoch spannende Information aus, und zwar mit Hilfe der sogenannten Pecaudaldrüse, auch Viol'sche Drüse genannt. Diese sitzt ungefähr zehn Zentimeter oberhalb der Schwanzwurzel, also dort, wo der Schwanz am Hund festgemacht ist.

 *Kurzer Fachfraueneinwurf: Aus der Pecaudaldrüse treten Düfte aus, die andere Hunde durch das Jacobson'sche Organ wahrnehmen. Das sitzt in unserem Riechkolben und ist schwerpunktmäßig für das Filtern von Sexualgerüchen zuständig.*

Ein Hund verteilt also durch sein Schwanzwedeln Düfte, die jeder andere Hund in der Nähe riechen kann. Was mich daran besonders fasziniert: Ein Hund kann seine Rute so geschickt einsetzen, dass er seinen Geruch nur in eine bestimmte Richtung wedelt. Als Versuch haben wir mal einen jungen Hovawart-Rüden in einen Windkanal gestellt.

Und bei welcher Wedelgeschwindigkeit ist er dann abgehoben?

Das war eine wissenschaftliche Studie, kein Ausflug in den Freizeitpark!

Im Windkanal kann man Luftströme einfärben und damit sichtbar machen, aus welcher Richtung die Luft kommt und wohin sie sich bewegt. Das war bei dem Hovawart besonders gut zu sehen, weil diese Rasse einen so außergewöhnlich üppigen Schwanz zum Wedeln hat. In ein paar Schritt Entfernung haben wir unserem angeleinten Rüden eine junge, für ihn sehr reizvolle Hündin präsentiert. Das war wie beim Speeddating. Der Hovawart fing sofort an, extrem aufgeregt und ausladend zu wedeln. An den farbigen Winden, die dabei an seinem Körper entlangströmten, konnten wir beobachten, dass er mit seiner Rute eine extreme Luftzirkulation erzeugte. Dadurch verbreiteten sich die Düfte vollständig um ihn herum.

 *Dreihundertsechzig Grad Geruchskino. Das erlebe ich sonst nur, wenn der Rütter wider jede Vernunft Zwiebeln mampft.*

Aus!

Auf dem Hundeplatz habe ich einmal folgendes Szenario beobachtet: Drei Hunde stehen, nebeneinander angeleint, im Abstand von jeweils einem Meter. In der Mitte ein zweijähriger Rüde, rechts daneben eine gleichaltrige Hündin und links außen ein achtjähriger Rüde. Nun will der Halbstarke der Holden neben sich die Lefzen wässrig machen. Er hat aber Schiss, dass der Alte das mitbekommt. Daher biegt der Junior seinen Schwanz fast in Zeitlupe in Richtung Senior und wedelt dann mit Schmackes zum Weibchen hinüber. In Zeitlupe zurück zum Senior, mit Schmackes Richtung Bella Horizonte. Zwei Minuten lang, nonstop, und während Junior dabei ein total unschuldiges Gesicht macht, schießt dem Frollein langsam der Speichel ein und sie kommt in Spiellaune.

 *Der Ventilator rotiert und wir kommen automatisch in Hitze? Träum weiter, Rütter, soo grob sind wir Mädels nicht gestrickt!*

Was ich sagen will, und damit kommen wir zurück zu Bosco: Nur zu beobachten, dass der Hund mit dem Schwanz wackelt, reicht als Information nicht aus. Man muss immer das Gesamtpaket betrachten. Wir können doch nicht ständig vom

Hund erwarten, dass er *uns* versteht; wir Hundemenschen sollten viel genauer hinsehen und uns mehr auf die Sprache der Vierbeiner einlassen. Das ist doch nur fair. Wenn man mal überlegt, was wir unseren Hunden so alles abverlangen. Das ist überhündisch. Wir wollen zum Beispiel, dass unser Hund sich mit jedem anderen Hund auf dieser Welt verträgt.

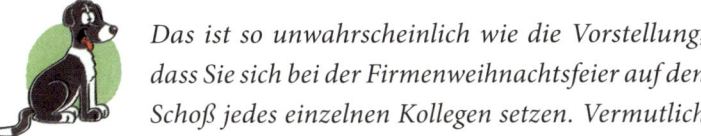 *Das ist so unwahrscheinlich wie die Vorstellung, dass Sie sich bei der Firmenweihnachtsfeier auf den Schoß jedes einzelnen Kollegen setzen. Vermutlich eher nicht. Egal, wie doll die Weihnachtsbowle reinhaut.*

Eine humanwissenschaftliche Studie hat menschliche Kontakte erforscht und fand heraus, dass die Probanden ganze 95 Prozent der Menschen, die ihnen begegneten, kein zweites Mal treffen wollten. Und das waren nicht mal Schwiegermütter, Gerichtsvollzieher und Katzenliebhaber, sondern bloß fremde Menschen. 95 Prozent Unverträglichkeit. Was wir selbst nicht wollen, können wir schlecht von unseren Hunden erwarten, oder? Unser Hund kann sich einfach nicht mit jedem anderen Hund vertragen. Das hat die Natur so nicht angelegt.

Aber wir Menschen wollen, dass der Hund auf uns hört. Wir wünschen uns, dass er uns glücklich macht. Unsere Lebensqualität erhöht. Wir erwarten, dass er keinen Stress macht und sich ausschließlich auf uns einstellt.

Und wir Hunde geben Vollgas, um das zu erfüllen.

Und dennoch können wir Zweibeiner uns nicht bequemen zu beobachten, wie unser Hund sich gerade fühlt? Ob er gestresst ist oder entspannt, aggressiv oder müde, glücklich oder hungrig? Ob er eine Rauferei anfangen oder zum Jagen abhauen will? Ob er den Postboten schreddern oder die Putzfrau begatten möchte? Ebenso wie Hunde unsere Signale lernen sollen, müssen auch wir die Körpersprache unserer Tiere verstehen. Der Hund ist ein offenes Buch. Man muss nur seine Sprache lernen.

 *Keine Angst, Hundesprache ist viel leichter als Klingonisch und spannender. Allerdings werden Sie sich von so einigen Annahmen verabschieden müssen.*

Richtig! Nehmen wir das Beispiel Bosco. Ein Rüde, der sich mit anderen Rüden nicht verträgt, verursacht vielleicht seinem Halter Probleme. Der Hund selbst ist aber kein Problem. Er verhält sich einfach nur so, wie er es für diese Situation gelernt hat. Im Training kann man ihm andere Verhaltensmaßnahmen beibringen. Dann kann er sich möglicherweise bis zu einem gewissen Grad entspannen, sogar mit dem einen oder anderen Rüden. Aber er wird sich niemals mit der ganzen Hundewelt verstehen. Ihm das abzuverlangen, kann nur zu Frust führen.

Die Lösung dieses Problems musste ich also weniger für Bosco finden als vielmehr für seine Halterin. Und so schulten wir einfach ihre Beobachtungsgabe.

Dadurch konnte sie schneller und besser einschätzen, wie es Bosco gerade ging und welches Verhalten von ihm im Moment zu erwarten war.

Das regelte sich zwar nicht, wie sonst meist im Hundetraining, innerhalb von vier bis sechs Wochen. Aber es hat sich gelohnt, denn damit hieß es für Bosco: FREISPRUCH!

Und für Boscos Frauchen: AUGEN AUF IM RÜDEN-VERKEHR!

Ich muss mal kurz persönlich werden: In der Beziehung zwischen Hund und Mensch geht es, wie in jeder anderen Partnerschaft, um Verständnis und Vertrauen. Und selbiges fordern beide Seiten. Ich will ja nicht nur zum Kuscheln abkommandiert werden. Ich will auch mal kuscheln, wenn ich *das brauche.*
Ich möchte mich auf mein Rudel verlassen können, mit allem Zipp und Zapp. Weil das bei meinem ersten Rudel eine kommunikative Einbahnstraße war, bin ich abgehauen. Mehrfach. Zum Nachbarn Rütter. Anfangs hat er mich zwar immer wieder zurück zu meinem alten Rudel getragen. Aber meine Entscheidung stand fest, und er hat sich klugerweise irgendwann gebeugt. Unter uns gesagt: die beste Entscheidung seines Lebens. Aber das gilt auch für mich. Nicht allein wegen der Qualität seiner Hundekekse, des Briefträger-Deals, des verrückten Tourlebens oder des Abenteuers Begleithundeprüfung. Das liegt einfach daran, dass er ein guter Zuhörer ist. Und obendrein so gar nicht rüde, dieser Rütter.

ANARCHISTISCHES VERHALTEN

Angeklagter: Luis
Alter: 10 Monate
Rasse: Labrador
Gewicht: 23 Kilo
Anklage: anarchistisches Verhalten

Luis, zehn Monate alt – allein bei dieser Information schießt bei mindestens 46,3 Prozent meiner Leserinnen schon die Milch ein. Zehn Monate, wie süß!

Ja, stimmt. Und stimmt nicht. Mit seinen zehn Monaten bringt Luis stattliche 23 Kilo auf die Waage. Man könnte sagen: guter Esser. Man könnte auch sagen: Biotonne. Stimmt beides. Labbi halt.

Die Anklage, mit der es Luis in dieses Buch geschafft hat, ist aber nicht gewichtsbedingt, sondern hat wieder mit Kommunikation zu tun. Natürlich spielt Luis' Alter eine Rolle, noch mehr aber seine gegenwärtige Entwicklungsphase. Und das ist – gelinde gesagt – die schlimmste Phase im Leben.

Die Ehe.

Was?

Guck nicht so, Rütter, weißt du doch!

Jetzt packst du Waschweib schon wieder Privatkram aus. Nein, es geht nicht um die Ehe, sondern um die Pubertät. In den ersten Monaten ist die Welt noch rosarot. Der Welpe weicht keine fünf Meter von Ihrer Seite und ist Ihr größter Fan: »Oh, Mama, du bist die beste! Du riechst so gut, du schmeckst so gut, du hast die besten Kekse.«

Na ja, in der Top 3 eines Labradors gehören die Kekse allerdings auf Platz eins.

Na klar, wie will man sonst innerhalb von zehn Monaten auf 23 Kilo hochrüsten?

Aber egal, ob Labrador oder jede andere Rasse: Der Welpe liest Ihnen jeden Wunsch von den Lippen ab. Sitz! Mit drei Monaten kein Problem. Platz! Macht er mit vier Monaten, sobald Ihre Lippen nur das »P« formen. Mit fünf Monaten: Sie rufen ihn, er ist da. Ohne Diskussion.

Sechs Monate. Plötzlich, über Nacht, wechselt das Wesen Ihres Welpen von kuschelzart auf dämonenhart. Aus Mamas Liebling wird das undankbarste Tier auf der Welt. Da fragen Sie sich völlig zu Recht: »Wer wollte diese pelzige Arschgeige eigentlich haben?«

Seien wir ehrlich: Im Grunde ist es genau wie mit den Kindern. Jaja, das habe ich gerade gesagt. Einspruch abgelehnt!

Als mein ältester Sohn in der Pubertät war – wie oft war ich da froh, dass ich die Flinte rechts hatte! Quasi über Nacht hatte Marvin sich von »perfekter Junge« zu »perfekter Psycho« entwickelt. Freitags abends kam ich in sein Zimmer, und diese Laune der Natur stand mit ihren 14 Jahren vorm Spiegel, so bucklig und krumm, wie Jungs in dem Alter eben stehen, mit viel zu langen Armen, die Handrücken so über den Boden schleifend, dass die riesigen Füße auf die Finger latschen. Deshalb sind Pubertisten auch so bewegungsunwillig. Couch – Kühlschrank – Bett ist der maximale Radius. Mehr geht nicht in der Phase. Aus einem Quell der Freude war urplötzlich eine Mischung aus Orang-Utan mit schlechter Haut und dem Glöckner von Notre-Dame geworden.

Und dann steht er so pickelig und flaumbärtig vor einem, und man fragt sich: »Den soll ICH gemacht haben?!« Nichts von sich selbst kann man in dem Jungen erkennen. Lediglich 80 Pfund Hack in »Bob der Baumeister«-Unterhosen. Die einzig logische Schlussfolgerung bei diesem Anblick: »Kommt nach der Mama!«

Man versteht auch kein Wort mehr, das der Junge von sich gibt. Seine Stimmlage pendelt zwischen der kleinsten Tochter und Ivan Rebroff, oft innerhalb eines einzigen Wortes. Der am häufigsten geäußerte Satz lautet »Mann, Papa, chill mal!« und geht über vier Oktaven. Das hat mehr von einer jodelnden Elster als von einem Menschen. Pubertät!

Die Zeit, in der einen mehrfach das Gefühl beschleicht, das Kind entwickele sich nicht mehr weiter. Das ist natürlich falsch. Das Kind entwickelt sich konsequent – leider rückwärts, bis zur Amöbe. Der einzige Unterschied zum Einzeller offenbart sich im Umfeld von Geburtstag oder Weihnachten: »Papa, iPhone! Papa, iPhone« sind dann vertraute Bettellaute. Ansonsten macht die Pubertät das Kind zum Geißeltierchen, das am liebsten in seiner Nährlösung vor sich hin vegetiert. Kein Wunder, dass sein Zimmer gemeinhin stinkt wie eine gammlige Petrischale.

Überleg mal: Freitagabend, 21 Uhr, also kurz vorm Schlafengehen, steht dieser vierzehnjährige Homunkulus vorm Spiegel und schmiert sich eine komplette Tube Haargel auf die Rübe. Spätestens dann wird dir doch klar: Der ist noch ein Baby. Da muss sich im Verstand noch so einiges zurechtwachsen, bevor diese Lebensform auch lebensfähig wird.

Am nächsten Morgen betritt man gegen elf Uhr erneut das Zimmer, in der Annahme, 14 Stunden Schönheitsschlaf müssten ausreichen für einen akzeptablen Anblick. Man reißt das Fenster auf und lässt Licht, Luft und Vogelgesang herein im vollen Bewusstsein: »Die Brut schafft das!« Man lüftet die

Decke, atmet den Pesthauch des Dschungels, vermengt mit einer Wolke kernigen Männerschweißes und Restalkohol. Plötzlich liegt da eine ganz neue Laune der Natur: breite Schultern, Vollbart, eins neunzig groß, und man fragt sich: »Wer ist *das* denn? Ist das Kind vergangene Nacht in die Schweinemast eingebrochen und hat den Ferkeln das Kraftfutter weggefressen?!« Der Junge ist schlagartig erwachsen geworden. INNERHALB EINER NACHT!

 *Und das sagt ausgerechnet der, der alle Hundemenschen dazu erziehen will, ihre Tiere besser zu beobachten? Rütter!*

Na gut, das ist nicht die ganze Wahrheit. Tatsächlich hätte mir das früher auffallen können. Aber genau da liegt ja das Problem mit den Gefühlen: Manches verdrängt man. Manches will man nicht wahrhaben. Manches übersieht man auch zum Selbstschutz. Natürlich hätte ich auch bei Marvin Anzeichen des Erwachsenwerdens bemerken können.

Gutenachtküsschen? Von wegen! Er hat mich angeguckt, als wäre ich ein Schokoladenonkel.

Die »Bob der Baumeister«-Unterhose wollte er auch nicht mehr anziehen. Dabei war die wie neu.

Zur Schule bringen? Immer gern, aber ein paar Ecken vorher musste ich anhalten und ihn rauslassen. Seine in vier Oktaven gekrächzte Begründung: »Papa, du bist peinlich.«

Die Bitte, den Müll rauszubringen, beantwortete er mit *dem* Konterklassiker der Pubertät: »Papa, chill mal dein Leben!« Ja, wenn ich mein Leben so chillen würde, könnte ich auch 24 Stunden am Tag aufs Smartphone glotzen. WhatsApp, Snapchat, Instagram – dieses ganze Zeug macht aus einem Kind einen Zombie. Man kann mit Engelszungen auf die einreden, mit Taschengeldentzug drohen, mit Handyfasten, man kann treten und beißen, zwecklos. Einmal habe ich sogar ein Feuerzeug drangehalten – keine Chance. Das liebe Kindlein ist verschollen im digitalen Dorftratsch.

Wenn Sie das einmal durchgemacht haben, dann wissen Sie auch, dass es mit einem Welpen genauso läuft. Mit unseren Hunden sind wir so emotional, dass wir gar nicht mitbekommen, wie sie erwachsen werden. Ich hatte schon Leute im Training, die schleppten jeden Tag eine 45 Kilo schwere, drei Jahre alte Bordeauxdogge die Treppen hoch in den dritten Stock, weil sie überzeugt waren, der Hund sei noch zu klein, um das allein zu schaffen.

Cleverer Hund. Und da behaupten alle, Bordeaux-doggen seien so dumm wie drei Teller Austern.

Vielleicht wäre für sie nie der Zeitpunkt gekommen, ab dem der Hund alt genug ist, um selber zu laufen. Vielleicht hätten sie das so lange durchgezogen, bis sie selbst zu alt zum Tragen geworden wären.

 *Vielleicht hätte der Hund sie dann aber auch zu einem Treppenlift überredet!*

Klar – manche werden ganz überraschend über Nacht erwachsen, andere machen es sich in der Pubertät bequem. Um beides zu vermeiden, führe ich hier ein paar Punkte auf, anhand derer Sie unmissverständlich merken, dass Ihr Hund in die Pubertät kommt:

- Die Milchzähne fallen aus. Pubertät. Bumms!
- Das Explorationsverhalten beginnt, der Hund erkundet die Welt. Während der Welpe seinen Menschen noch wie ein Satellit in fünf Metern Abstand umkreist, vergrößert sich die Kreisbahn beim Pubertisten auf fünf Kilometer. Man steht mitten in der Walachei, die Flinte rechts, den Feldstecher vor den Augen, schwenkt den Horizont ab und denkt: »Hm, der da, der da oben auf der Dackelhündin, der könnte vielleicht unserer sein!«
- Ein weiteres sicheres Indiz für die Pubertät sind unmotivierte Handlungsketten, die keinen Sinn ergeben. Der Hund liegt vor der Couch und kaut auf seinem Schweineohr, springt aus dem Nichts hoch, spuckt das Schweineohr aus, klettert an Ihnen hoch, leckt Ihnen den Hals, rennt in den Garten, drei Runden um die Tanne, zurück ins Wohnzimmer, um weiter auf dem Schweineohr herumzukauen. Das sind so die Momente, in denen man als Hundemensch anfängt, an Außerirdische zu glauben, die Hunden irgendeinen Quatsch einflüstern.

– Es gibt aber auch die harten Fakten, an denen wirklich jeder erkennt, dass der Hund pubertiert: Bei einer Hündin ist dies natürlich die Läufigkeit. Wer da nicht rafft, was mit dem Tier gerade passiert, der ist genau einen Eisprung vom Kauf eines Hamsters entfernt. Das wäre auch besser, denn dem Menschen ist wirklich nicht mehr zu helfen.

 *Das sind die Menschen, die ihre Hündin zusammen mit einer Meute notgeiler Rüden im Schlepptau durch den Park zerren und sich dabei fragen, ob der Auflauf auf ihr neues Deo zurückzuführen sei. Das Gute ist: Diesen Geruch der läufigen Pubertistin haben die Rüden schon nach ein paar Wochen nicht mehr in der Nase. Aber bis dahin ist natürlich zu Hause Kirmes.*

Da wünscht man sich den Rüden zurück in die Pubertät. Zum Beispiel zu dem Moment, als er zum ersten Mal das Bein hob. Welch heiliger Augenblick – für die Männer. »Endlich! Mein Hund ist Mitglied im Club der Stehpinkler. Ganz der Papa!«

 *Und in vier Wochen rammelt er die ganze Nachbarschaft – ganz der Papa! Äh ... also NICHT meiner ...*

Egal, ob Rüde oder Hündin, das untrüglichste Zeichen dafür, dass Ihr Tier die Pubertät durchlebt, ist immer noch die Tatsache, dass plötzlich sämtliche Kommandos gelöscht sind. Nichts geht mehr. Als hätte man den Vierbeiner ans Smartphone verloren. Es ist, als kenne er seinen eigenen Namen nicht mehr. Von Banalitäten wie »Sitz!«, »Platz!«, »Fuß!« ganz zu schweigen. Nada, niente, Festplattencrash.

Spätestens jetzt treten einige Hundetrainer richtig aufs Gas: »Wenn Sie sich jetzt nicht durchsetzen, nimmt er Sie sein Leben lang nicht mehr ernst.« Das will man nicht, ist ja klar. Also rennen die Menschen mit ihren pubertierenden Hunden in eine sogenannte Junghundegruppe. Das ist ungefähr so, als hätte Ihr pubertierendes Kind ein Marihuanaproblem und Sie schleppen es jede Woche aufs Reggaekonzert. Die große Herausforderung einer Junghundegruppe ist doch, dass alle anderen Hunde dort das gleiche Problem haben. Selbstverständlich finden die einander spannend – aber doch nicht *Sie!*

Wenn mein Sohn Marvin mit 14 Jahren ein paar Kumpels mit nach Hause brachte und ich kam mit Tee, Keksen und einem Lateinvokabelheft ins Zimmer, hieß es wieder bloß: »Chill mal dein Leben!«

Der einzig wirksame Umgang mit einem pubertierenden Hund ist: sehr zeitaufwendig! Oder es braucht ein hohes Maß an Flexibilität. Kleines Beispiel: Als mein erster Hund, Mina, in die Pubertät kam, war es vorbei mit »Chill mal dein Leben, Rütter!« Sie hat ein Hotelzimmer schneller zerlegt als die Jungs von AC/DC. Mina war die Königin des Rock'n' Roll, ich hatte keine Chance mehr. Dagegen war der pubertierende Marvin ein perlender Quell der Freude. Meine Hündin hat sich für alles interessiert, außer für mich. Für sie hatte ich jenseits des Fütterns keine Existenzberechtigung mehr.

Wer da mit Kapitulation rechnet, kennt allerdings den Rütter schlecht. Da wird aus dem Herz aus Butter schnell mal ein ganz schön sturer Bock.

Gar nicht. Ich habe bloß das getan, was ich jedem anderen Hundemenschen in dieser Situation empfehlen würde: Ich habe fast sechs Monate lang andere Hunde gemieden. Ich bin nur an Orten spazieren gegangen, bei denen ich sicher war, dass wir dort niemanden treffen. Und auch nur zu Uhrzeiten, die eine Begegnung sehr unwahrscheinlich machten. Sobald ich einen Hund sah, sind wir in eine andere Richtung weitermarschiert.

Rütter – der Spielverderber.

So schlimm war es nicht. Mina kam schließlich voll auf ihre Kosten. Gemeinsam machten wir vieles, was sie liebte. Dadurch spürte sie: Der Typ ist doch gar nicht so schlecht. Wir waren Radfahren, Joggen, Schwimmen, haben Spuren verfolgt und Futtersuchspiele gemacht …

Ihr habt euch in Fischkadavern gewälzt …

Soweit ging es nicht, aber wir haben fast ausschließlich Dinge gemacht, von denen ich wusste, dass Mina sie richtig spannend findet.

 *Was ist mit Dog Dancing? Machen wir das, wenn ich in die Pubertät komme?*

Vergiss es! Das hättest du dir vor ein paar Jahren überlegen müssen. Aus dem Alter bist du raus.

Dann, wenn ich in die Wechseljahre komme.

Gibt es die überhaupt bei Hunden?

 *Sag du es mir, großer Hunde-Hormon-Sachverständiger.*

Nicht, wenn sie zu Dog Dancing führen.

Zurück zum Thema: Das Beste an der Pubertät ist ja, dass sie irgendwann vorbei ist. Bei Männern etwa mit Mitte 40 – wenn sie von der Midlife-Crisis abgelöst wird. Bei Hunden im Alter zwischen 14 und 18 Monaten.

Mein Weg, Mina sechs Monate lang von anderen Hunden fernzuhalten, ging jedenfalls voll auf. Irgendwann waren wir wieder ein Herz und eine Seele, und ich habe sie selbstverständlich auch wieder mit anderen Hunden spielen lassen.

An diesem Punkt denken natürlich viele Hundemenschen: Hat das Tier nach sechs Monaten nicht jeglichen Umgang mit Artgenossen verlernt? Gibt es da keine Probleme im Sozialverhalten? Klare Antwort: Nein! Denn die Sozialisierung ist in diesem Alter schon abgeschlossen.

Der Hund verlernt nichts mehr. Ein Mensch, der vier Wochen lang auf einer einsamen Insel war, weiß schließlich auch danach noch, dass man sich zur Begrüßung nicht anspuckt.

 *Nach vier Wochen Ballermann kann das Benehmen schon mal ein bisschen verrutschen, aber im Prinzip hast du natürlich recht.*

Wie dem auch sei, hier mein goldener Pubertätstipp: Bleiben Sie dran, schaffen Sie Nähe zwischen sich und Ihrem Hund und halten Sie ihn von anderen fern. Nach spätestens sechs Monaten, das garantiere ich Ihnen, heißt es auch für den schlimmsten Pubertätspsycho: FREISPRUCH!

 *Ob Mensch oder Hund, in der Pubertät ist es wie in allen Krisen: Es geht ums Durchstehen. Egal, ob Sie mit stoischem Gleichmut die Unverschämtheiten über sich ergehen lassen, ob Sie Ihren Hund sechs Monate in Isolationshaft nehmen oder ob Sie Buch führen über die alltäglichen Ausfälle: Es gibt ein Licht am Ende des Pubertätstunnels. Eigentlich müsste Ihr Hund in dieser Zeit ein Baustellenschild auf der Stirn tragen, denn nichts anderes passiert gerade in seinem Hirn. Er bildet Millionen von Nervenzellen und verschaltet sie neu. Gleichzeitig prüft er die bestehenden neuronalen Netze und baut ungenutzte Verbindungen im Hirn ab. Im Vergleich zu einer solchen Baustelle ist der Berliner Flughafen ein klar strukturiertes Erfolgsprojekt. Dass dem Hund dabei*

zeitweise vielleicht auch mal die Erinnerung verrutscht und er keinen Zugriff auf seinen alten Befehlsspeicher hat – geschenkt! Dass er zwischenzeitlich ein paar Marotten entwickelt, aus seiner Kuscheldecke ein spannendes Puzzle macht, seinen Teddy wämmst oder plötzlich bei der Drogenfahndung anheuern will – all das sind nur temporäre Erscheinungen, die von einem liebevollen Umfeld belächelt und verziehen werden. Aber es gibt natürlich auch eine Reihe Zwangs- und Aggressionsstörungen oder Angstattacken, die in dieser turbulenten Zeit ihren Ursprung haben. Und wenn sich daran auch nach mehreren Monaten nichts ändert, hier meine Bitte: Suchen Sie sich Hilfe bei den Rütters dieser Welt. Denn im Training erkennen erfahrene Beobachter sehr schnell, ob der Hund nur noch ein paar Wochen für die Restarbeiten hinter seinem Baustellenschild braucht. Oder ob ihm von außen geholfen werden kann, damit er wieder richtig auf Spur kommt.

DERRICK VERSUS SCHIMANSKI

Opfer: Jacques
Alter: 9 Jahre
Rasse: Französische Bulldogge
Gewicht: 15 Kilo
Anklage: grobe Tätlichkeit seitens Dobermann

Zum Schluss erzähle ich Ihnen eine Geschichte, bei der Opfer und Täter gar nicht so leicht auseinanderzuhalten sind. Stellen Sie sich also innerlich weniger auf einen »Tatort« ein als vielmehr auf eine Folge »CSI Wanne-Eickel«.

Eine Frau kommt mit ihrer Französischen Bulldogge Jacques zu mir ins Training. Jacques hat ein kleines Pflaster am Hintern und eine Halskrause. »Herr Rütter«, haucht die Frau mit zittriger Stimme, »mein Jacques wurde Opfer eines brutalen Überfalls. Dabei wollte er doch einfach nur spielen …«

Ich will ja nicht vorgreifen, Rütter, aber »einfach nur spielen« und »Französische Bulldogge« – ist das nicht ebenso ein Widerspruch wie »Donald Trump« und »Wahrheit«?

Das mag sein …

Oder wie »England« und »Elfmetermacht«? »Französische Küche« und »froschfreundlich«?

Danke, Emma. Ich glaube, wir wissen jetzt, was du meinst.

»Musik« und »Rammstein«? »Hollywood« und »gelungene Schönheitsoperation«? Oder »Katzen« und »Mitgefühl«?

Du hast deine Meinung zum Spielverhalten von Französischen Bulldoggen klar und deutlich zum Ausdruck gebracht. Danke.

Oder »Nacktmull« und »Friseur«? »Geniale Idee« und »höhenverstellbarer Futternapf«?

Aus!

Die Sache mit dem Spielverständnis ist ein berechtigter Einwand, Sherlock Emma. Zäumen wir den Hund doch mal von hinten auf: Französische Bulldoggen gehören seit einigen Jahren in unsere Parklandschaften wie Jogger mit Trinkflaschengürtel und schlecht gelaunte Ordnungsamtler mit

Strafzettel-Passion. Das sind so kleine, kompakte Muskel-protze – also die Hunde! Sie ähneln Möpsen, bei denen aber noch nicht alles runterhängt …

Rütter!!! Was wird denn das jetzt wieder für ein chauvinistischer Ausfall?!

Wie? Was? Nein! Ich meine diese Hautfalten im Gesicht, die dem Mops so zu schaffen machen. Die Französische Bulldogge hat deutlich weniger Falten. Trotzdem leidet auch sie unter Atemproblemen*.

Dieses Wort markiere ich schon mal mit einem Sternchen. Es wird nämlich wichtig bei der Beweis-führung zum vorliegenden Straftatbestand.

Die Augen der Französischen Bulldogge sehen aus wie die Augen von Inspektor Derrick. Als hätte man dem Tier zwei übergroße Tischtennisbälle in den Schädel gequetscht und es im Anschluss ein paar Tage lang gewürgt. Zum Glück fallen die Augen genauso selten raus wie bei Derrick, es handelt sich also lediglich um einen optischen Spezialeffekt aus der Kate-gorie »Kindchenschema«. Ursprünglich wurde die Französi-sche Bulldogge von der Englischen Bulldogge abgeleitet; dann hat man Kleinterrierarten und auch den Mops höchstselbst mit hineingezüchtet. Und wenn man sich die Ohren ansieht, wohl auch die eine oder andere Fledermaus.

Beim heutigen Erscheinungsbild dieser bulligen Franzosen weiß jeder andere Hund sofort: Dieser Kollege ist wirklich zu gar nichts zu gebrauchen.

Die Züchter sind da deutlich gnädiger als du und bezeichnen den Franzosen als »reinen Gesellschaftshund«. Sie empfehlen ihn Menschen, deren gewünschter Vierbeiner dem Mops ähneln, aber weniger verknautscht aussehen und zumindest ein *bisschen* atmen können soll.

Kurz: ein Hund, der weniger laut schnarcht als Papa und etwas beweglicher ist als Omma.

Das hat geklappt. Allerdings ist der »bulldoggige« Körper geblieben. Diese Tiere sind wirklich beeindruckende Muskelpakete – im Prinzip sehen sie aus wie eine Hundeversion von Fabian Hambüchen. Und diese Muskeln setzt die Französische Bulldogge natürlich auch ein.

Züchter würden sagen, sie sei »recht körperlich im Spiel«. Spielgefährten würden sagen: »Rambo unchained im kölschen Regenwald.«

Dabei ist der Französischen Bulldogge völlig egal, wie groß der andere Hund ist. Der »Spielgefährte« wird bei jedem Spiel mindestens 428 Mal rüde weggerempelt. Höfische Etikette ist dem Mini-Bulli weitgehend unbekannt, jede »Kommunikation« trägt er körperlich aus – aber Rambo war ja auch kein großer Plauderer.

Das Wesen der Französischen Bulldogge im Umgang mit anderen ist folglich eher ein Mix aus »Frauentausch« und »Promiboxen« als »Derrick beim Literarischen Quartett«. Aber das ist nicht schlimm. Es gibt schließlich für jeden einen Platz auf der Hundewiese.

Dort haben sich inzwischen viele Hunde auf die Interaktion mit dem frischen Franzosen eingestellt. Das Spektrum reicht von Rückzug über Ausweichen bis zu völliger Ignoranz. Trifft die Französische Bulldogge allerdings auf jemanden, der Ausweichen, den gepflegten Rückzug oder Diplomatie gar nicht kennt, dann wird die Begegnung zum »Abenteuer Alltag«.

Hier beginnt die Geschichte von Jacques, seinem Pflaster am Hintern und der Halskrause, unter der passenden Überschrift »Französische Bulldogge trifft Dobermann«!

 *Eine kurze Erläuterung für die Rasseunkundigen: Der Dobermann ist bekannt als klassischer Haus-, Hof- und Wachhund.*

Mit einer Größe von bis zu 70 Zentimetern, einem Gewicht von bis zu 45 Kilo und dem Brustkorb eines römischen Gladiators ist er kein Vertreter, dem man in der freien Wildbahn oder auch auf der Hundewiese übermäßige Diskussionsfreude nachsagt. Benannt ist er nach seinem »Erfinder« Friedrich Louis Dobermann (1834–1894), der hauptberuflich Hundefänger, Abdecker und Steuereintreiber war.

Zusammengefasst: ein Riesenarschloch!

Die Überlieferung besagt, der Mann habe gezielt so lange gekreuzt und gezüchtet, bis ein Hund herauskam, der genauso unbeliebt war wie Friedrich Louis Dobermann selbst, nur mutiger, wehrhafter und weniger zimperlich. Das ist Dobermann mit dem Dobermann wirklich gelungen.

Damit wir uns aber nicht falsch verstehen, das sind super Hunde. Also geht nicht durch den Park mit der Haltung: »Ach du Scheiße, ein Dobermann, schnell weg«.

 *Die Hunde sind wirklich toll – der beste Beweis dafür, dass Fritze Dobermann sich da nicht noch persönlich mit eingekreuzt hat.*

Die Hunde sind eigentlich top, aber ein Dobermann kennt keinen Rückwärtsgang, und er macht auch keine Gefangenen. Verhandlung, Kompromiss, Meinungsvielfalt, esoterischer Diskussionskreis – alles nicht sein Ding. Beim Dobermann ist vorn rechts das Gas. Punkt.

Damit heißt es: Ring frei für Runde eins der Begegnung »Derrick versus Schimanski«. Das Szenario ist schnell umrissen: Die Abendsonne senkt sich über dem frühsommerlichen Stadtpark einer beliebigen deutschen Stadt. Dobermannrüde Horst tänzelt in seiner typisch eleganten Art über die Blumenwiese und genießt die Vielfalt der Düfte. Sein schwarz-braunes Fell glänzt in der Sonne, er strahlt wie die Krone der Schöpfung: kraftvoll, imposant, Furcht einflößend, Lederjacke, Nietenhalsband, verspiegelte Sonnenbrille.

Mit der erhabenen Haltung einer marmornen Statue lässt Horst seinen Blick über den Horizont schweifen. Im grellen Licht der untergehenden Sonne zeichnet sich ein Schemen ab, das rasch und tief über den Boden geduckt näher kommt. Es ist die Französische Bulldogge Jacques, die sich geradewegs auf den Dobermann zubewegt: schnell, ungebremst, furchtlos.

Eine Staubhose bildet sich hinter der gestreckt galoppierenden Mini-Bulldogge, sodass Horst erstaunt stehen bleibt: »Eine Minilawine im Flachland? Interessant!«

Zunächst schiebt er entspannt die Sonnenbrille hoch und schaltet den Scan-Modus an: »Mopsartiges Gebilde, neun Jahre alt, Geschlecht männlich, Augen wie Derrick, Hasenohren, hyperaktiv. Hat wohl zu viel an der Möhre gelutscht. Leicht übergewichtig, aber ungefährlich …«

Währenddessen ist die französische Mini-Abrissbirne trotz aller hundesprachlichen Annäherungsgesetze schon recht nahe, aber immer noch in ungebremster Fahrt, um nicht zu sagen: auf Kollisionskurs.

Horst denkt noch: »Amigo, ich hoffe für dich, du hast Trommelbremse und Bremsfallschirm am Start.«

Doch bevor er die Sonnenbrille wieder zurechtrücken kann, schlägt's unten schon ein: BUMMM! Die Bulldogge knallt voll in den Dobermann, dengelt wie eine Flipperkugel vom rechten gegen das linke Vorderbein und dann auch noch an die Hinterbeine. Horst ist überrascht, irritiert und bereits leicht verstimmt. Eine solche Begegnung sah die Sozialisation des Dobermanns bislang nicht vor. Missverständnisse in der

Kommunikation gibt es immer wieder auf der Hundewiese, meist gefolgt von unterwürfigem Entschuldigungsverhalten. Doch diese französische Flipperkugel rollt nur ein paar Meter aus, kommt dann zum Stehen und nimmt sofort wieder Anlauf. Horsts leichte Verstimmung weicht einer gewissen Gereiztheit.

»Bist du bescheuert?«, knurrt Horst.

Ansatzlose Bulli-Attacke – bumm!

»Bist du blind? Ich stehe hier! Was hast du überhaupt für Augen? War deine Mutter ein Frosch?«

Anlauf – Attacke – bumm!

»Hören kannst du also auch nicht? Liegt das an deinen komischen Ohren? War dein Vater Batman?«

Anlauf – Attacke – bumm!

»Noch so eine Blutgrätsche, dann hat meine Kinderstube aber Kurzurlaub, Freundchen …«

Anlauf – Attacke – Sie wissen schon. Horst steht in dem Moment kurz vor der Explosion. Seine Sicherungen sprühen bereits Funken. Was nichts anderes bedeutet: Den Franzosen erwartet gleich eine ordentliche Abreibung. In diesem Augenblick fällt Jacques wie vom Blitz getroffen um. Ohne jede Fremdeinwirkung! Der Bulli liegt auf dem Rücken, die Zunge fast im Ohr, und röchelt erschöpft vor sich hin.

Dieses Atemproblem habe ich vorhin mit einem Sternchen markiert. Denn: Für das menschliche Ohr mag es wie eine Lungenentzündung im Endstadium klingen. Es löst also eher Mitleid aus. Für das Hundeohr allerdings, kann es wie sehr aggressives Knurren klingen.

Natürlich versteht der Dobermann die ganze Situation falsch. Er hört ein bedrohliches Knurren, auch wenn die Körperhaltung der Bulldogge eher auf letzte Ölung schließen lässt. Horst geht entsprechend auf Nummer sicher. Drohend und kerzengerade baut er sich über dem Franzosen auf, schaut sich diese Laune des Zuchtwesens genau an und erkennt, dass sie trotz ihrer Knurrlaute fix und fertig ist.

Entsprechend entspannt wendet sich der Dobermann wieder ab, zupft seine Lederjacke zurecht, rückt die Sonnenbrille gerade und begibt sich auf den Rückweg zu seiner Halterin. Doch da flippert der soeben auferstandene Jacques ihm schon wieder von hinten ins Geläuf, und dann zwischen seinen Beinen durch nach vorn, wo er diesmal allerdings von einer Breitseite Dobermannzähne empfangen und kurz getackert wird.

Ist das Notwehr? Ein Schnapper im Affekt? Oder der brutale Angriff eines sehr viel größeren Hundes?

Aus Horsts Perspektive ist die Sache eindeutig: kein Packen, kein Schütteln, kein Zerreißen und Fressen, sondern nur eine kurze, schmerzhafte »Verpiss dich«-Geste.

Mit einem Postboten wäre Horst jedenfalls nicht so zimperlich umgesprungen.

Die Situation lässt sich – selbst als Zeuge – von außen schwer beurteilen: Liegt hier mangelnde Erziehung beziehungsweise provozierender Übermut vonseiten der Bulldogge vor? Eine brutale Überreaktion des Dobermanns? Oder handelt es sich um ein Missverständnis, da beide offensichtlich zwei völlig unterschiedliche Sprachen sprechen?

Ach, Rütter, stell dir vor, dein Kind sitzt im Sandkasten. Das Nachbarkind beschmeißt es ständig mit Sand. Irgendwann zieht dein Kind dem Sandschmeißer die Schippe über den Kopf. Kommt dann die Sandkastenpolizei und erteilt lebenslängliches Spielverbot?

In unserem Fall leider schon. Da wird aus einem kommunikativen Missverständnis zwischen zwei Hunden eine Tätlichkeit mit Folgen und aus den gegenseitigen Beschimpfungen der Halter eine Polizeiakte und ein Versicherungsfall. Dobermann Horst wird aktenkundig und zu Maulkorb und Wesenstest verpflichtet. Und Bulli Jacques – oder, wie seine Halterin sagt, »das Opfer« – landet beim Tierarzt, wo er mit viermal zwei Stichen genäht wird.

Jacques' Körpersprache braucht einfach ein paar neue Vokabeln. Denn die anderen Hunde müssen ihn ja verstehen.

Damit beginnt ein Training, in dem es ausschließlich darum geht, Jacques' Kommunikations- und Spielfähigkeiten auszubauen. Und obwohl er mit seinen neun Jahren schon auf die Rente zugeht, entwickelt der Bulli zügig neue Kompetenzen im Umgang mit jüngeren und wilderen Hunden.

Jacques ist zwar optisch nicht unbedingt eine Schmeichelei, aber er ist enorm schlau und lernwillig. Innerhalb weniger Trainingswochen entwickelt er sich zum achtsamen Spielgefährten für Welpen und zum respektvollen Gentleman und ausgeglichenen Kraftprotz ohne Allüren.

Damit heißt es für Jacques am Ende dieser Geschichte: FREISPRUCH!

 *Moment mal, Rütter, das kann ja wohl nicht das Ende der Geschichte sein! Wie hast du mit dem Dobermann trainiert? Wie hast du es geschafft, dass Hotte mit Bewährung davonkommt?*

Bewährung? Für Horsts Halterin geht es in erster Linie darum, mit dem Dobermann eine gute und zuverlässige Rückrufbarkeit zu trainieren. Und zwar in der Königsdisziplin, nämlich bei unliebsamer Ablenkung, also wenn zum Beispiel die Nachbarskatze den Garten betritt oder, wie in diesem Fall, ein anderer Hund nervt. Was schlimmer ist? Das überlasse ich Ihnen.

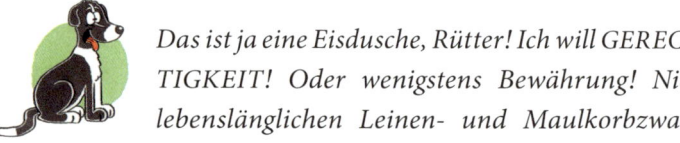

Das ist ja eine Eisdusche, Rütter! Ich will GERECH-TIGKEIT! Oder wenigstens Bewährung! Nicht lebenslänglichen Leinen- und Maulkorbzwang.

Jeder vierbeinige Beobachter würde höchstens von einem Missverständnis sprechen. Schlechte Kommunikation. Kommt doch auf der Hundewiese täglich vor.

Und selbst wenn Justitia eine herzlose, vertrocknete Katzenliebhaberin wäre, müsste sie doch wenigstens mildernde Umstände walten lassen. Immerhin sind Jacques und Horst Rüden. Da darf man nicht zu viel Intelligenz erwarten.

Viele Halter bekommen außerdem die Vorgeschichte der Auseinandersetzung gar nicht richtig mit – entweder weil sie die Hundesprache nicht sprechen oder weil sie abgelenkt waren von Muttis Textnachricht und Katzenvideos.

Deshalb auch in diesem Fall meine dringende Bitte: Gehen Sie ins Hundetraining. Dort lernt Ihr Hund, mit anderen klarzukommen. Und auch Sie lernen mehr über die Hundesprache – besonders wenn es um Aggressionen geht. Damit können Sie viele Auseinandersetzungen schon im Vorfeld unterbinden. Dann muss kein Hund lebenslang an der Leine laufen. Oder einen Maulkorb tragen. Oder Angst vor anderen Hunden haben. Und in dieser – besseren! – Welt hieße es auch für Dobermann Horst: FREISPRUCH!

SCHLUSSWORT

Ich liebe meinen Job. Denn als Hundetrainer habe ich jeden Tag mit interessanten Menschen und mindestens genauso spannenden Hunden zu tun. Diese unerschöpfliche Vielfalt fasziniert mich, sie bedeutet permanente Abwechslung. Und obendrein: Man verbringt den ganzen Tag draußen auf der Wiese – besser geht's nicht!

 *Du könntest ein Hund sein. Das wäre noch besser. Aber du hast recht: Dein Leben ist nahe an der Perfektion. An meiner Seite sowieso.*

Kein Einspruch!

Und dass es zwischen Mensch und Hund immer wieder mal Missverständnisse gibt, ist biologisch betrachtet eigentlich nur logisch. Immerhin sind wir artfremd.

Das muss jetzt für viele Leser ein Schock sein. Aber ehrlich, es ist die Wahrheit! Auch wenn er jeden Tag in Ihrem Bett schläft, mit Ihnen am Frühstückstisch sitzt und mit Ihnen »Shopping Queen« guckt – Ihr Hund ist und bleibt ein Hund. Ist es da nicht faszinierend, wie gut der Köter seine Kommunikation auf uns Menschen einstellen kann? Ein gut sozialisierter Hund, der von Anfang an positive Kontakte mit Menschen hatte, lernt damit ja sogar eine echte Fremdsprache.

Kleines Beispiel: Wenn der Nachbarrüde sich vor mir aufbaut und die Zähne zeigt, ist mir vollkommen klar, dass die Situation ernst ist und er mich vermutlich gleich frisst, wenn ich ihm keine Demutsgeste vorführe – oder Rütter mit einem Eimer Eiswasser anrückt. Genauso kann ich aber einordnen, wenn Rütter sich über mich beugt und die Zähne zeigt. Der will mich nicht fressen, nein, dann gibt's was zu fressen.

So flexibel Hunde sich in jeder Situation zurechtfinden, so ähnlich ist es auch bei uns Hundemenschen. Wir nehmen jeden, wie er ist, mit all seinen Schwächen und Stärken. Und es ist uns wurscht, aus welchem Land jemand kommt. Wer von uns hat denn zum Beispiel etwas gegen diese Engländer? Fußball, Brexit und Urlaub klammere ich an dieser Stelle lieber aus. Aber der Basset? Der West Highland White Terrier? Oder der Golden Retriever? Da sind wir Hundeleute vorbildliche Integrationsbeauftragte.

Wir treiben die Integration sogar aktiv voran und helfen Hunden aus anderen Ländern, denen es dort schlecht geht, holen sie zu uns und integrieren sie. Ich kenne Familien, die haben, ohne zu zögern, zu ihrem Deutschen Schäferhund einen Afghanen adoptiert.

In solchen Fällen lässt der Deutsche Schäferhund den Afghanen auch nicht direkt zum Appell strammstehen. Er sagt vielleicht: »Kamerad, was ist mit deiner Frisur? Kämm dich mal anständig.« Aber spätestens, wenn der afghanische Vierbeiner dann sagt: »Chill mal dein Leben, Alter, und lass uns gemütlich 'ne Runde Gassi gehen!« – da ist der Schäferhund doch der Erste, der die Leinen holt.

 *Ein Deutscher Schäferhund geht nicht Gassi. Er rückt aus!*

Nichts als Klischees! Völliger Quatsch! Schäferhund und Afghane lernen einander unkompliziert kennen – ein schönes Vorbild für uns Zweibeiner, oder?

Die beste Voraussetzung für eine gelungene Integration ist allerdings immer noch die gemeinsame Sprache. Und genau deshalb ist es so wichtig, dass auch Hunde so früh wie möglich so viele Rassen und Erscheinungsbilder wie möglich kennenlernen. Denn natürlich hat jede Rasse kommunikativ, aber auch optisch ihre Eigenheiten.

Genau deshalb halte ich es für falsch, schon die Welpen immer nur in Rassehundegruppen zu stecken.

Nehmen wir zum Beispiel einen Bernhardiner, der die ersten zwölf Lebensmonate ausschließlich unter Bernhardinern gelebt hat. Der ist so tiefenentspannt wie ein Koala im Eukalyptusrausch. Er schlendert gemächlich durch den Park, das Rumfässchen um den Hals, stellt sich mangels Schneeverwehungen gedanklich auf Picknick und Mittagsschlaf ein … Und plötzlich fegt ein Afghane an ihm vorbei. Was soll der Bernhardiner denken? »Huch, eine Lawine aus Fell?«

Eher »ein Hippie auf Ecstasy«!

Für den Bernhardiner ist das ein echter Kulturschock. Lernt er den Afghanen allerdings schon in der Welpengruppe kennen, haben die beiden von Anfang an gemeinsam Spaß beim Rumrennen.

Sag mal, Rütter, bist du jetzt endlich fertig?

Ja. Es sei denn, du möchtest noch ein paar salbungsvolle Worte loswerden.

Haltet durch mit euren Pferden … überlegt euch das noch mal mit den Katzen … aber genießt eure Hunde – sie sind das größte Glück auf Erden!

Wie? Das war dein Schlussplädoyer?!

Ist doch alles gesagt.

Aber du wolltest noch einen kurzen Überblick über weitere klassische Gesetzesverstöße und ihre Ursachen geben. Und du wolltest erklären, warum Hunde ihre Schlafdecke schreddern.

Stimmt.

Aber?

Dann fiel mir ein, dass du mein Schweineohr noch 150 Mal werfen wolltest.

Von Wollen kann keine Rede sein.

Komm, gib dir einen Ruck, Köterkönig!

Hundetrainer!

Geschenkt. Also, was ist: Schweineohr werfen?

Los geht's! Und wir sehen uns auf der Bühne, im Fernsehen oder auf der Hundewiese.

Ahoi! Und Sie … chillen mal Ihr Leben!

Impressum

Mit 10 Cartoons und einer Vignette (Emma) von Nico Fauser.
Text von Martin Rütter und Stefan Müller.

Umschlaggestaltung von GRAMISCI Editorialdesign/München unter
Verwendung eines Fotos von Guido Engels.

Mit 11 Farbzeichnungen.

Unser gesamtes Programm finden Sie unter **kosmos.de.**
Über Neuigkeiten informieren Sie regelmäßig unsere Newsletter,
einfach anmelden unter **kosmos.de/newsletter**

Gedruckt auf chlorfrei gebleichtem Papier

2019, Franckh-Kosmos Verlags-GmbH & Co. KG,
Stuttgart
Alle Rechte vorbehalten
ISBN 978-3-440- 16731-1
Redaktion: Hilke Heinemann, Anja Herre
Gestaltung und Satz: Kösel Media GmbH, Krugzell
Produktion: Nina Renz
Druck und Bindung: CPI books GmbH, Leck
Printed in Germany/Imprimé en Allemagne

FSC
www.fsc.org
MIX
Papier aus ver-
antwortungsvollen
Quellen
FSC® C083411